Klaus Rödler

Mathe inklusiv: Einmaleins und Geometrie

Materialband mit Anleitungen, Diagnosetest und Kopiervorlagen für den inklusiven Unterricht

AOL verlag

Hinweis
Der besseren Lesbarkeit halber sprechen wir meist nur von Lehrern, Schülern usw. Natürlich meinen wir damit auch die Lehrerinnen, Schülerinnen usw.

Impressum

Mathe inklusiv: Einmaleins und Geometrie

Klaus Rödler ist Mathematikdidaktiker und promovierter Grundschullehrer, Fortbildner, Buch- und Zeitschriftenautor und war zeitweise Unidozent, Schulbuch-Co-Autor und Mitherausgeber von „Die Grundschulzeitschrift" (Friedrich Verlag).
Weitere Informationen über den Autor finden Sie auf seiner Homepage: www.rechnen-durch-handeln.de

1. Auflage 2016

Veritaskai 3 · 21079 Hamburg
Fon (040) 32 50 83-060 · Fax (040) 32 50 83-050
info@aol-verlag.de · www.aol-verlag.de

Redaktion: Dr. Sina Hosbach, Daniel Marquardt
Lektorat: Dorothee Landwehr, Köln
Layout/Satz: Satzpunkt Ursula Ewert GmbH, Bayreuth
Coverfoto: © contrastwerkstatt – Fotolia.com
alle Innenfotos: © Klaus Rödler

ISBN: 978-3-403-10379-0

Engagiert unterrichten. Natürlich lernen.

AOL verlag

Inhalt

Vorwort

Dieser Materialband mit Kopiervorlagen ist Bestandteil der Reihe „Mathe inklusiv“ und wurde auf der Grundlage des fachdidaktischen Konzepts „Rechnen durch Handeln” entwickelt (siehe www.rechnen-durch-handeln.de) Aktuell sind die folgenden Teile verfügbar:

- Mathe inklusiv: Ratgeber für die 1./2. Klasse (Bestellnummer 10375)
- Materialband 1: Mathe inklusiv: Zahlverständnis und Operationen (Bestellnummer 10376)
- Materialband 2: Mathe inklusiv: Zehnerübergang im Zahlenraum bis 20 (Bestellnummer 10377)
- Materialband 3: Mathe inklusiv: Rechnen im Zahlenraum bis 100 (Bestellnummer 10378)
- Materialband 4: Mathe inklusiv: Einmaleins und Geometrie (Bestellnummer 10379)
- Materialband 5: Mathe inklusiv: Projekte für die 1./2. Klasse (Bestellnummer 10380)

Im Ratgeber wird das pädagogische und didaktische Konzept erläutert und der Aufbau des Lehrgangs in den ersten beiden Schuljahren beschrieben. Insbesondere geht es darum, zu verstehen, was das Rechnen für viele Kinder so schwierig macht und mit welchen Alternativen Sie die Möglichkeit haben, gute und schwache Rechner in einem *gemeinsamen Unterrichtsgeschehen* zu fördern, also inklusiv zu unterrichten. In den 5 Materialbänden werden zu diesem Gesamtkonzept Kopiervorlagen mit Erläuterungen angeboten. An didaktisch bedeutsamen Stellen wird in den Materialbänden auf die entsprechenden Seiten des Ratgebers verwiesen.

Die Grundidee dieses neuartigen Konzepts besteht darin, auszunutzen, dass Rechenprobleme über Jahrtausende nicht mit abstrakten Überlegungen, sondern durch konkrete Rechenhandlungen gelöst wurden. (Unsere Form des Rechnens ist gerade mal 500 Jahre alt!) Erst auf der Grundlage dieser Erfahrung mit Rechenhandlungen bildeten sich die abstrakteren Konzepte, die unser heutiges Rechnen kennzeichnen.

Am Anfang des Lehrgangs steht nicht mehr die abstrakte Zahlwortreihe, sondern „konkrete Zahlen”. Das macht es sogar Kindern ohne Zählfertigkeit möglich, im Anfangsunterricht am gemeinsamen Mathematikunterricht teilzunehmen. Die *kardinale Grundlage* der Zahl wie auch der wichtige Aspekt der *Invarianz* werden an den konkreten Zahlen unmittelbar be*greif*lich.

Außerdem erlaubt es dieser Ansatz, von Anfang an alle vier Grundrechenarten kennenzulernen, wodurch nicht nur das Operationsverständnis gestärkt, sondern auch die Entwicklung des Zahlverständnisses weiter unterstützt wird.

Im Fortgang des Lehrgangs werden Bündelungsobjekte (Fünfer- und Zehnerstangen sowie Geldmünzen) eingeführt, wodurch auch Rechenvorgänge in größeren Zahlräumen von der Spontanwahrnehmung kontrollierbar bleiben. Daneben werden bei diesen Rechenhandlungen die Grundlagen für das Konzept des Zehnerübergangs gelegt. Im zweiten, dritten und vierten Schuljahr ermöglichen die hier kennengelernten Rechenhandlungen leistungsschwachen Schülern, auch im größeren Zahlraum am gemeinsamen Rechenunterricht teilzunehmen.

Dieser Materialband 4 „Einmaleins und Geometrie“ vereinigt zwei teilweise zusammenhängende und teilweise unabhängig voneinander zu betrachtende Themenbereiche.

Die beiden Operationen Multiplikation und Division werden als Rechenhandlungen eingeführt, wodurch sie – auch in inklusiven Klassen – zum gemeinsamen Gegenstand werden. Dies ist bereits als Einstieg ins erste Schuljahr möglich (siehe Ratgeber, S. 93 ff. und 104 ff.). Darauf aufbauend wird das gesamte Einmaleins zunächst über rechteckige Muster kennengelernt, was durch die Wahrnehmung gesteuert möglich ist und nur geringe Vorkenntnisse erfordert. Deshalb ist diese Fortführung für inklusive, altersgemischte und leistungsheterogene Klassen besonders geeignet. Dieses Vorgehen erlaubt es außerdem, den Arithmetikunterricht mit der Geometrie zu verbinden. Die anschließende

Automatisierung des Einmaleins geschieht in einer Form, bei der unterschiedliche Lerntempi nicht stören und die daher ebenfalls inklusiv unterrichtet werden kann.

Die im zweiten Teil vorgestellten geometrischen Themen stellen die Geometrie in den Zusammenhang mit anderen Fächern wie Mathematik, Deutsch und Kunst. Dadurch kann sie als Teil des gesamten Klassenlebens wirken und dient ebenfalls dem inklusiven Gesamtansatz.

Über Rückmeldungen zu diesem Materialband und zu dem vorliegenden Lehrgang „Mathe inklusiv" freue ich mich.

klaus.roedler@onlinehome.de

1 Aufbau des Materialbandes

Der Band besteht aus zwei separaten Teilen:

1. *Einmaleins*
2. *Geometrie*

Die beiden Themenbereiche werden auf der Grundlage des im Ratgeber dargestellten inklusiven Konzepts „Rechnen durch Handeln“ dargestellt. Sie können die Kopiervorlagen natürlich auch unabhängig vom Gesamtlehrgang als Ergänzung Ihres eigenen Unterrichts und insbesondere für das Erlernen und Automatisieren des Einmaleins nutzen.

Den Kopiervorlagen ist ein erläuternder Kommentar vorangestellt. Hier wird zunächst das didaktische Grundkonzept dargestellt. Dann werden die didaktischen Überlegungen beschrieben, die hinter den Arbeitsaufträgen der verschiedenen Arbeitsblätter stecken. Ebenso wird dargestellt, worauf Sie achten müssen, damit deren didaktischer Nutzen wirksam werden kann. Die didaktischen Hinweise und die Erläuterungen zu den Kopiervorlagen sind nach den beiden Themenbereichen Einmaleins und Geometrie nacheinander getrennt aufgeführt.

Wenn Sie die Gesamtkonzeption „Rechnen durch Handeln“ fundiert verstehen wollen, empfiehlt es sich, den jeweiligen Teilaspekt im Ratgeber selbst nachzulesen, wo alles gründlicher und im Gesamtzusammenhang der ersten zwei Schuljahre erläutert wird.

2 Einmaleins

Voraussetzungen für ein gefestigtes Einmaleins

Da die Lösungszahlen des Einmaleins den Zahlraum bis Hundert abdecken, benötigt ein Kind nach der herkömmlichen Didaktik die Kenntnis dieses Zahlraums, wenn es Multiplikation und Division kennenlernen will. Außerdem erfordert das Erlernen der Reihen, dass Additionen und insbesondere auch Additionen mit Zehnerübergang sicher beherrscht werden, denn nur auf dieser sicheren Grundlage kann von einer Ergebniszahl auf die nächste der Reihe geschlossen werden. Schließlich ist es hilfreich, wenn die Kinder auch sicher von einer glatten Zehnerzahl abziehen können, damit sie eine Aufgabe wie 9 · 7 = __ als 70 – 7 = __ lösen können. Aus diesem Grund sind das Einmaleins und die beiden hiermit zusammenhängenden Operationen der Multiplikation und Division üblicherweise dem zweiten Schuljahr vorbehalten.

Alternativen zu dieser herkömmlichen Sichtweise

Der hier vorgestellte Lehrgang ermöglicht durch drei konzeptionelle Veränderungen einen alternativen Weg.

1. *Rechenaufgaben sind verschlüsselte Materialhandlungen*
   Das Gesamtkonzept „Rechnen durch Handeln“ geht davon aus, dass alle uns als Rechnung erscheinenden Probleme einen Handlungshintergrund haben, der mit Rechenzeichen und unseren Zahlzeichen verschlüsselt dargestellt ist. Das Problem des Rechnens liegt nicht im operativen Geschehen, sondern im Ausmaß der symbolischen Verschlüsselung (siehe Ratgeber, S. 60–70). Aus diesem Grund geht es didaktisch darum, zunächst den operativen Handlungshintergrund sichtbar zu machen, indem dieser an den Anfang des Lernprozesses gestellt wird. Daran anknüpfend wird diese Rechenhandlung durch ikonische Darstellungen und Veränderun-

gen des Rechenmittels vom Kind selbst verschlüsselt und dadurch neu kennengelernt. Dabei muss darauf geachtet werden, dass das Abstraktionsniveau langsam gesteigert wird. Erst darauf aufbauend gibt die Automatisierung einen Sinn.

3 · 4 = 12

a) als Rechenhandlung

b) als gelegtes Rechteckmuster

c) ikonisch als Karofeld

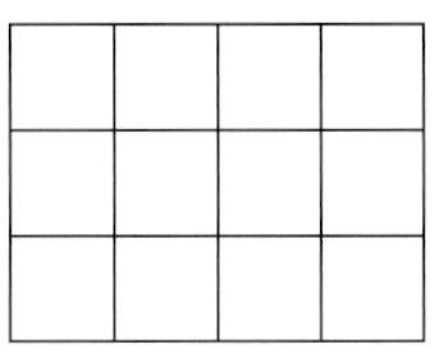

d) als automatisiertes Wissen
3 · 4 = 12

2. *Automatisierungsprozesse werden im spontan wahrnehmbaren Bereich sowie bei den einfachsten Reihen erfahrbar*
Der Automatisierungsprozess beginnt mit den kleinen Aufgaben (2 · 2, 2 · 3, 2 · 4, 3 · 3, 3 · 4, 4 · 4), die der Wahrnehmung zugänglich und durch geometrische Muster bekannt sind (siehe Ratgeber, S. 94). Daneben werden durch Rechenhandlungen mit Bündelungsobjekten (Münzen, Stangen) sowie Verdopplungs- und Halbierungsvorgänge die 10er-, 5er- und 2er-Reihe kennengelernt.

3. *Die weitere Automatisierung geschieht durch wiederholte Rechenvorgänge unter Unterstützung einer Lösungstabelle*
Die weitere Automatisierung geschieht ausdrücklich nicht durch Auswendiglernen der verschiedenen Reihen, sondern durch häufige Wiederholung (und eventuell Veranschaulichung) eines kleinen Aufgabenbereichs. Dadurch können auch Kinder, die beim Rechnen im Hunderterraum noch Probleme haben, meistens an der gemeinsamen Automatisierung teilnehmen. Bei noch nicht bekannten Aufgaben steht dem Kind eine Lösungstabelle zur Verfügung, so dass es auch hier an der gemeinsamen Arbeit teilnehmen kann (siehe Ratgeber, S. 98 ff.).

Auf dieser didaktischen Grundlage ist der nachfolgend dargestellte Lehrgang zum Einmaleins aufgebaut. Er erlaubt es, Multiplikation und Division bereits in den ersten Schulwochen der ersten Klasse einzuführen, so dass im zweiten Schuljahr an entsprechende Vorerfahrungen angeknüpft werden kann. Gleichzeitig macht es dieses Vorgehen möglich, das Einmaleins als gemeinsamen Gegenstand zu behandeln.

2.1 Multiplikation und Division als Rechenhandlung

Eine Multiplikation ist zunächst einmal eine Rechenhandlung wie die Addition, nur dass der gleiche Summand mehrfach wiederholt hinzugefügt wird. Dieses Geschehen führt bei entsprechender Anleitung („Lege in Reihen.") zu rechteckigen 1×1-Mustern, die die Grundlage für die spätere geometrische Fortführung bieten (siehe Kasten, Abb. b). Diese Form der Rechenhandlung hat den Vorteil, dass sie das Kommutativgesetz der Multiplikation zeigt (3 · 4 = 4 · 3), da der Quader von zwei Seiten angeschaut werden kann.

Ein Nachteil der Darstellung als rechteckiges Muster besteht darin, dass der Operatoraspekt (drei*mal*) dabei undeutlich wird. Diesen Aspekt der Multiplikation sollten Sie in der Klasse spielend erarbeiten, indem zum Beispiel drei Kinder jeweils vier Würfel haben. Anschließend wird dieses Geschehen als Rechenhandlung analog auf den Rechenteppich übersetzt (siehe Kasten, Abb. a). Indem Halmakegel stellvertretend für die Kinder aufgestellt werden, bekommt der Operator ein Gesicht (siehe Ratgeber, S. 74 und Materialband 1).

Diese Darstellung der Multiplikation mit Halmakegeln hat den Vorteil, dass sich die Division vergleichbar einführen lässt. Wieder wird das Geschehen erst in der Klasse gespielt und dann auf den Rechenteppich übertragen.

Die Aufgabe 12 : 3 = __ bedeutet als Rechenhandlung: „Nimm dir 12 Würfel und verteile sie an 3 Halmakegel (Kinder)."

Auch diese Rechenhandlung können die Kinder bereits ab der ersten Schulwoche ausführen.

Das Foto macht deutlich, dass die Endstellung der Division 12 : 3 mit der gelegten Multiplikation 3 · 4 übereinstimmt. Ganz praktisch sehen die Kinder den operativen Zusammenhang: 12 : 3 = 4, weil 3 · 4 = 4 · 3 = 12.

Neben dem Legen eines Rechtecks und dem analogen Nachlegen einer gespielten Multiplikation bieten leere Verpackungen eine dritte Möglichkeit, Multiplikationen und 1×1-Reihen handelnd und damit in einer Form kennenzulernen, die zum inklusiven Gesamtansatz passt (siehe Abb.).

Wie viele Kekse waren in der Packung?

Die sinnvollen Lösungen sind Zahlen der 4er-Reihe.

2.2 Multiplikation und Rechteck

Jede Multiplikation kann als Rechteck dargestellt werden und jedes Rechteck kann durch eine Multiplikation beschrieben werden.

Die Multiplikation ist ihrem Wesen nach, anders als Addition und Subtraktion, die sich linear zeigen, eine flächige Operation. Dadurch fällt es Kindern, die noch an der Zahlwortreihe orientiert sind, schwer, Multiplikationen im Kopf auszurechnen. Aus dem gleichen Grund sind lineare Rechenmittel wie Perlenketten bei der Multiplikation keine Rechenhilfe. Es bedarf eines frei hantierbaren Rechenmittels wie den oben verwendeten Holzwürfeln, um die flächige Struktur einer Multiplikation sichtbar zu machen.

Im Klassenraum und auf der Straße, überall finden sich rechteckige Anordnungen, die als Punktmuster abgemalt, mit Würfeln nachgelegt und als Multiplikation mit Zahlen aufgeschrieben werden können.

Vor allem aber lassen sich die rechteckigen Anordnungen auf Karopapier zeichnen. Damit hat man eine ikonische Darstellung der Multiplikationen, die es erlaubt, auf einfacher Grundlage alle Aufgaben des kleinen Einmaleins zu berechnen und sogar in das große Einmaleins, ganz ohne irgendwelche Reihenkenntnis, einzudringen. (Siehe Ratgeber, S. 95 f.)

Jede rechteckige Anordnung zeigt eine Multiplikation. (3 · 2)

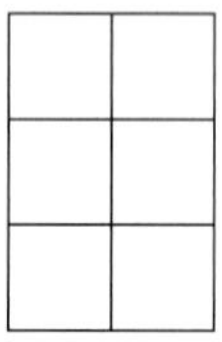

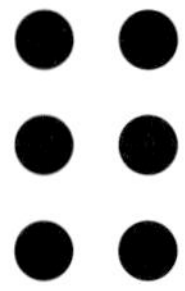

Ist der Zusammenhang zwischen rechteckiger Anordnung und zugehöriger Multiplikation verstanden, kann damit allein auf Grundlage der Wahrnehmung gearbeitet werden, wodurch auch ganz leistungsschwache und kognitiv beeinträchtigte Kinder am gemeinsamen Geschehen teilnehmen können. Voraussetzung ist alleine die Zählfähigkeit bis 10 und die Kenntnis dieser Zahlzeichen (siehe Ratgeber, S. 93 ff. und S. 104 f. sowie Materialband 1).

> **Wichtig: Ziele des Einstiegs über Handlungen und rechteckige Muster**
>
> 1. Das operative Geschehen, das hinter einer Multiplikations- oder Divisionsaufgabe steckt, soll vor der Automatisierung zumindest so bekannt sein, dass bei den Rechnungen auf diese Vorerfahrung zurückgegriffen werden kann.
> 2. Die kleinen der Spontanwahrnehmung zugänglichen Rechtecke/Terme ($2 \cdot 3$, $3 \cdot 3$, $2 \cdot 4$, $3 \cdot 4$, $4 \cdot 4$) sollen als Muster und zumindest teilweise der Anzahl nach bekannt sein.
> 3. Die 2er-, 5er- und 10er-Reihe sollen durch Rechenhandlungen und Auszählerfahrungen so vorbereitet sein, dass die nachfolgende Automatisierung von dieser Grundlage unterstützt wird und dass an diese Vorerfahrungen angeknüpft werden kann (z. B. $7 \cdot 6 = 5 \cdot 6 + 2 \cdot 6$).

2.3 Automatisierung des Einmaleins

Es ist klar, dass sich das Tempo der Automatisierung in der Klasse sehr unterscheiden wird. Beachten Sie dabei das Folgende:

1. *Es ist nicht nötig, dass das kleine Einmaleins am Ende der zweiten Klasse beherrscht wird.*
   Dieses Ziel ist nur für wenige Kinder zu erreichen. Wer nicht die Grundlagen dafür hat, der wird bestenfalls oberflächlich die Reihen aufsagen können. Ohne das nötige operative und strukturelle Hintergrundwissen geht diese Kenntnis oft schnell wieder verloren.
2. *Die einfachen Aufgaben und Reihen reichen als Minimalziel der 2. Klasse.*
   Wenn das Kind nur die oben als Ziel 2. und 3. benannten Aufgaben versteht und automatisiert hat, so beherrscht es bereits 68 % (!) des Einmaleins. Sie haben dann noch die ganze dritte und vierte Klasse Zeit, die restlichen Aufgaben zu automatisieren.
3. *Auch ohne vollständige Einmaleins-Kenntnisse können alle Kinder am weiterführenden Unterricht mitarbeiten.*
   Das ist möglich, weil die Kinder eine 1×1-Lösungstabelle (KV E25) an die Hand bekommen, auf der sie alle Lösungen, die sie noch nicht kennen, abschauen können (siehe Ratgeber, S. 99 f.).

Wie Sie die Automatisierung entsprechend dieser Grundvorstellungen angehen und durchführen sollten, wird anhand der Kopiervorlagen dargestellt (vgl. Ratgeber, S. 178 ff.).

2.4 Diagnose

Mit den 10-Minuten-Tests für den 1×1-Pass haben Sie bereits während der Arbeit an der Automatisierung ein Diagnoseinstrument, das Ihnen zeigt, wie die einzelnen Kinder im Einmaleins vorankommen.

Unabhängig davon ist es sinnvoll, den Stand der 1×1-Kenntnisse in einer standardisierten Form regelmäßig zu überprüfen, da abrufbare Einmaleins-Kenntnisse für eine erfolgreiche Mitarbeit spätestens in der Sekundarstufe unerlässlich sind. Dies wird Ihnen mit dem Testblatt KV D6 geboten, mit dem Sie während der gesamten Grundschulzeit den Grad der Automatisierung überprüfen können.

Wenn Sie die Automatisierung des 1×1 im Blick auf die schwächeren Schüler auch in der 3. und 4. Klasse noch verfolgen, so profitieren auch die besseren Rechner davon. Bearbeitungszeiten von 7–10 Minuten für die 191 Aufgaben von KV D6 sind Ende der vierten Klasse keine Seltenheit.

> **Wichtig**
>
> Der Test ist als Gruppentest für die ganze Klasse angelegt. Er erlaubt es, völlig unterschiedliche Leistungsniveaus gleichzeitig zu überprüfen (siehe Ratgeber, S. 145 ff.).
>
> Der bei allen Diagnosetests im Lehrgang *Mathe inklusiv* einheitliche Testaufbau macht es sogar möglich, zieldifferent statt des Einmaleins z. B. die Automatisierung der Addition und Subtraktion bis 10 zu überprüfen. Damit bleibt die Testsituation in jedem Fall ein *gemeinsamer Gegenstand.*

2.5 Erläuterungen zu den Kopiervorlagen

2.5.1 Multiplikation und Division als Rechenhandlung

Die KV E1–11 und E24 führen die Multiplikation und die Division, wie unter 2.1 beschrieben, in einem Handlungszusammenhang ein. Multiplikationen werden gegenständlich abgebildet, Divisionen konkret ausgeführt, weshalb diese KV bereits im 1. Schuljahr einsetzbar sind.

KV E1, E2 sowie E7–10 zeigen die Operationen als auf den Rechenteppich übertragene Rechenhandlungen (siehe 2.1). Zur Einführung von KV E1 und E7 sollten Sie diese Handlungen konkret spielen, damit die Kinder entsprechende Vorstellungen haben, wenn sie in *analoger Abbildung* (siehe Ratgeber, S. 68 ff.) auf dem Teppich rechnen.

KV E3 und E11 weisen auf Alltagsbezüge hin. Die Kinder sollen lernen, Multiplikationsstrukturen in ihrem Umfeld wahrzunehmen. Diese rechteckigen Strukturen werden wie auf KV E4 mit Würfeln als Quader dargestellt und zu Multiplikationstermen in Beziehung gesetzt.

KV E5 und E6 zeigen, wie mehrgliedrige Multiplikationsterme Gebäude beschreiben und als Bauanleitung genutzt werden können (siehe auch Materialband 1).

KV E24 nutzt Zehner-/Fünfer-/Einer-Material, um Verdopplungs- und Halbierungsprobleme handelnd zu lösen.

2.5.2 Multiplikation und Rechteck

Die an den Holzwürfeln kennengelernte Tatsache, dass Rechtecke für Multiplikationen stehen, wird nun auf gezeichnete Karofelder übertragen. Dabei werden diese zeilenweise interpretiert (3 · 4 bedeutet: 3 Zeilen zu je 4 Kästchen). Allerdings wird mit der Multiplikation auch die Tauschaufgabe (4 · 3) aufgeschrieben, da jedes Rechteck von zwei Seiten gesehen und beurteilt werden kann. *Es soll früh bekannt sein, dass Aufgabe und Tauschaufgabe die gleiche Kästchenanzahl zeigen, also das gleiche Ergebnis haben.*

Mit den rechteckigen Karofeldern werden Multiplikationen bis zu 14 · 14 lösbar. Dabei sind vier Fälle zu unterscheiden:

1. Kleine Felder *bis 4 · 4* wie auf KV E12 können mit einem Blick erfasst werden und benötigen keine sichtbare Strukturierung (siehe Ratgber, S. 62 f.). Mit der Zeit kann das Zählen der Kästchen durch innere Strukturierung (3 · 4 = 4 + 4 + 4 oder 3 · 4 = 2 · 6) ersetzt werden.

2. Hat eine Seite *mehr als fünf Karos* (KV E13–17), so sorgt eine Fünferlinie dafür, dass die Kästchenanzahl ohne zu zählen erfassbar bleibt. Wenn man beim Auszählen immer zwei Fünferreihen zu einem Zehner zusammenfasst, errechnet sich das Ergebnis leicht aus der Summe der Zehner und der verbleibenden Einer. (Achten Sie darauf, dass die Kinder alle Teilfelder, wie abgebildet, vor dem Zusammenzählen beschriften.) Auch Sachaufgaben (KV E18–19) lassen sich auf diese Weise zeichnerisch lösen.

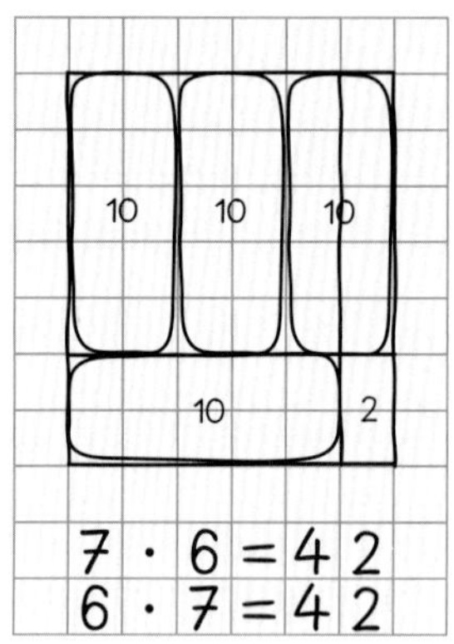

3. Hat eine Seite *mehr als zehn Karos* (KV E20–22), so sorgt eine Zehnerlinie dafür, dass auch diese Kästchenanzahl ohne zu zählen erfassbar bleibt und berechenbar wird.

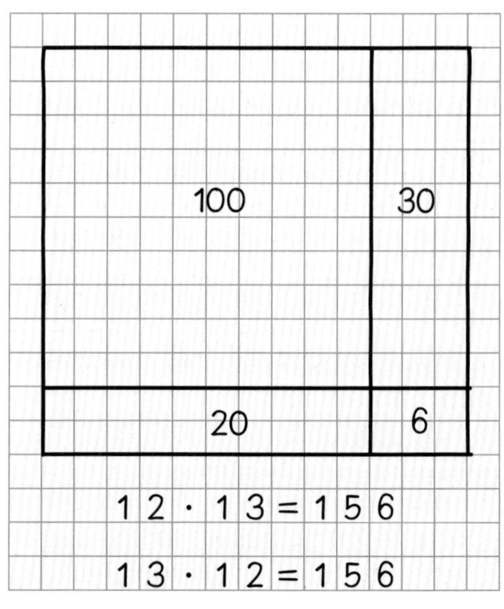

Wichtig

Multiplikationen des großen Einmaleins haben den Vorteil, dass die geometrische Lösung nebenher den dreistelligen Zahlraum aufbaut. Wenn die Kinder die Kästchenzahl in die vier entstehenden Felder eintragen, bildet sich die Lösung meistens direkt aus Hunderter sowie Zehner- und Einerzahl zusammengesetzt.

Beachten Sie aber, dass Sie nur Aufgaben aus dem Bereich bis 14 · 14 stellen, weil nur dann rechts unten die kleinen wahrnehmbaren Rechtecke entstehen, deren Automatisierung nebenher gefördert werden soll.

4. Sogar Aufgaben oberhalb des großen Einmaleins (KV E23) sind auf diesem Weg lösbar. Hat man das Prinzip verstanden, reicht eine Skizze aus, um die Gliederung des Rechtecks nach Hundertern, Zehnern und Einern sichtbar zu machen.

	10	10	3
10	100	100	30
10	100	100	30
4	40	40	12

KV E24 soll exemplarisch zeigen, wie Sie auf die Handlungsebene zurückwechseln können, wenn ein Kind mit der ikonischen Darstellung im Karofeld nicht zurechtkommt.

2.5.3 Automatisierung des Einmaleins

Mit KV E25 geben Sie den Kindern eine Lösungstabelle sowie ihren 1×1-Pass an die Hand. Die Lösungstabelle zeigt alle zu lernenden Lösungen, wobei nach und nach die Lösungen derjenigen Aufgaben gestrichen werden, die das Kind schon beherrscht. Der Pass gibt den Hinweis, dass es nun darum geht, zu jeder Reihe alle Lösungen spontan zu kennen. Beides soll das zu erreichende Ziel (die Automatisierung des ganzen Einmaleins) motivieren und deutlich machen.

KV E26 ist ein Einstiegstest, bei dem die Kinder bereits ihre ersten Unterschriften sammeln können. An den einfachen Aufgaben der 1er-, 10er- und 2er-Reihe erkennen sie, wie das Prinzip funktioniert: Ziel ist es, die Lösungen zu wissen (!), um sie ohne längeres Nachdenken hinschreiben zu können. Wem das gelingt, der bekommt seine Unterschrift im 1×1-Pass und auf der Tabelle die Reihe samt den Tauschaufgaben gestrichen. (Zur Testdurchführung, siehe S. 14 f.)

Wichtig

1. Geben Sie für KV E26 nicht mehr als 5 Minuten Bearbeitungszeit.
   Es kommt nicht darauf an, fertig zu werden, sondern darauf, schnell zu rechnen. *Automatisierung heißt, rechnen, ohne dabei nachdenken zu müssen.* Das soll die klare Botschaft sein. (Außerdem hilft die Zeitbegrenzung, dass mit voller Konzentration gearbeitet wird.)
2. Für die Unterschrift müssen die Aufgaben eines Aufgabenpakets richtig und in weniger als 2 Minuten bearbeitet sein.

KV E27 ist eine Übersichtstabelle. Hier tragen Sie ein, wer welche Reihe mit welcher Zeit schon automatisiert hat. Wenn Sie die Zeit festhalten, können Sie (und die Kinder) erkennen, wie sie sich im Laufe der Zeit weiter verbessern (z. B. erst 1'45", dann 1'15").

Das in den folgenden Kopiervorlagen übersetzte Training der einzelnen Reihen ist nach gleichbleibenden Prinzipien aufgebaut.

Wichtig: Prinzipien beim Reihentraining

1. Insbesondere zum Einstieg werden keine Reihen geübt, sondern Aufgaben gemischt berechnet.
2. Multiplikation und Division werden im Zusammenhang eingeführt und geübt. Auch die Division mit Rest ist von Anfang an mit im Spiel.
3. Am Anfang stehen die einfachen Reihen (10, 5, 2), bei denen das Training durch Rechenhandlungen und Veranschaulichungen unterlegt wird. Wenn diese gefestigt sind, kommen darauf aufbauend die weiteren Reihen (eine nach der anderen) ins Spiel.
4. Geübt werden vor allem die Multiplikationen. Divisionen werden als Gegenoperation dadurch gelöst, dass nach der zugehörigen Multiplikation gefragt wird (30 : 10 = __, „Wieviel mal Zehn ergibt Dreißig?").
5. Für Aufgaben, die noch nicht beherrscht werden, steht den Kindern die Lösungstabelle zur Verfügung.
6. Für jede Reihe gibt es zusätzliche KV mit gemischten Trainingsaufgaben (KV E63–71), die wiederholt eingesetzt werden können.

KV E28–30 führen die 10er-, 5er- und 2er-Reihe ein. Bei der 10er- und 5er-Reihe werden die Aufgaben in Rechenhandlungen mit Geldmünzen übersetzt. Die 2er-Reihe nutzt beim Spiegeln das aus der ersten Klasse bekannte Material der Würfel und Fünferstangen (siehe Ratgeber, S. 79 ff., 121 ff., 182f. sowie Materialband 2). Das erlaubt es, dass alle Kinder an dieser Einführung von Multiplikation und Division teilnehmen.

KV E31–35 trainieren Aufgaben dieser Reihen und KV E36–45 geben Ihnen die Möglichkeit, im Rahmen eines Stationen-Trainings weiter zu üben.

Stationen-Training der Reihen 2, 5 und 10 (KV E36–45)

- *Station A:* viele Zettel (10 cm × 10 cm), Nägel, Teppich/weicher Stoff.
  Die Kinder sollen den Zettel falten, lochen und auffalten. Das führt zur Verdopplung der Löcher. Aus 3 Löchern werden **2** · 3 = 6 Löcher. (Doppeltes Falten führt zur Vervierfachung.)
- *Station B:* Handspiegel, Fünferstangen, Zehnerstangen, Würfel
  Die Kinder sollen die Zahl mit Würfeln und Stangen vor einen Spiegel legen. Durch das Spiegelbild sieht man die doppelte Anzahl.
- *Station C:* Lösungstabelle
  Hier soll der Umgang mit der Lösungstabelle geübt werden. Die Kinder dürfen nachschauen.
- *Station D:* 5-Cent-Münzen
  An dieser Station soll auffallen, dass die geraden Faktoren in der unteren Reihe zu glatten Zehnerzahlen führen. *(2 Fünfer ergeben einen Zehner.)*
- *Station E:* 5-Cent-Münzen
  Die Kinder sollen bemerken, dass Zahlen mit 5 auf der Einerstelle bei der Division ungerade und glatte Zehnerzahlen gerade Lösungen ergeben.
- *Station F:* Fünferstangen, Würfel
  Dadurch, dass die Zahlen wie aus der ersten Klasse bekannt in Doppelreihe gelegt werden (14 als 2 · 5 und 2 · 2), lässt sich die Hälfte finden, indem in der Mitte auseinandergeschoben wird.
- *Station G:* SpielMAL (Kallmeyer-Verlag), davon alle Karten aussortieren, die keine 2, 5 oder 10 als Faktor haben.
  Spielregel: Der Stapel liegt verdeckt. Eine Karte wird umgedreht. Wer die Lösung schneller weiß, gewinnt.
- *Station H:* Körbe mit je 20 Würfeln
  Die 20 Würfel sollen in 2er- (4er-, 5er-, 10er-) Gruppen gelegt und die zugehörigen Divisionen (20 : 2 = / 20 : 4 =, ...) aufgeschrieben werden. Wenn 12 Würfel in 2er-, 3er-, 4er- und 6er-Gruppen aufgeteilt werden, kann auffallen, dass die verwandten Aufgaben 2 · 6 / 6 · 2 und 3 · 4 / 4 · 3 entstehen.
- *Station I:* Hunderterfeld, Winkel zum Abdecken
  Bei der 2er- und 4er-Reihe kann sehr anschaulich gesehen werden, dass die Lösungen ab 6 · sich aus 5 · und den kleineren Aufgaben ergeben.

KV E63, E66 und E71 bieten weitere Vorlagen zum gezielten Training der 2er-, 5er- und 10er-Reihe. Vergessen Sie nicht, den Blick der Kinder dabei auf die Besonderheiten dieser Reihen zu legen, da erst dadurch eine von Verständnis getragene Automatisierung möglich ist.

! Wichtig: Eigenschaften der 10er-, 5er- und 2er-Reihe im Gespräch thematisieren

- *Zehnerzahlen* enden immer mit einer Null. Zweistellige Zahlen mit einem anderen Stellenwert bei den Einern erzeugen daher bei der Division einen Rest. Die Division durch Zehn thematisiert die aus Zehner und Einer gebildete zweistellige Zahl (43 : 10 = 4 R3).
- *Fünferzahlen* enden immer mit einer 5 oder 0. Lenken Sie den Blick der Kinder auf die Tatsache, dass die Multiplikationen mit geraden Zahlen immer glatte Zehnerzahlen ergeben, während die Multiplikationen mit einer ungeraden Zahl eine zusätzliche 5 zeigt. Dadurch können auch Divisionen schneller erkannt werden, weil sich zum Beispiel bei 35 : 5 nur die ungeraden Zahlen 1, 3, 5, 7, 9 als mögliche Lösungen anbieten.
  Zeigen Sie, dass die 35 aus 30 + 5 gebaut ist. Das macht deutlich, dass die Kinder vor allem die Ergebnisse der glatten Zehnerzahlen kennen müssen (6 mal). Daraus ergibt sich dann auch die Lösung für 35 (eins mehr, also 7).
- *Zweierzahlen* enden mit geraden Zahlen. Daraus ergibt sich, dass bei der Division nur der Rest 1 möglich ist (ungerade Zahl).
  Im Blick auf die 2er-Reihe ist es weiter hilfreich, wenn Sie die Division nicht nur als Gegenoperation behandeln, sondern auch das Alltagskonzept des *Halbierens* üben.

Wenn ein Kind bei den Automatisierungsprozessen deutliche Probleme hat und trotzdem am gemeinsamen Geschehen beteiligt sein soll, dann können Sie ihm statt der vollständigen Lösungstabelle auch solche zu einzelnen Reihen anbieten. Außerdem müssen Sie beim Reihentraining selbst noch langsamer vorgehen.

Andererseits kann es hilfreich sein, das Kind zum Beispiel am Erlernen der 9er-Reihe zu beteiligen, weil die Multiplikationen dieser Reihe über die Zehnerpartner gut gelernt werden können (siehe unten, KV E53).

! Wichtig: Division mit Rest

Die Division mit Rest bereitet oft Schwierigkeiten, da der Dividend die jeweilige Zahl der Reihe nicht zeigt. Es nutzt bei 16 : 5 = __ nichts, die Fünferreihe aufsagen zu können, wenn man die 15 in der 16 nicht erkennt. Nutzen Sie daher insbesondere die 10er- und 2er-Reihe, um diese notwendige Aufmerksamkeit wachsen zu lassen. KV E34–35 üben die Division mit Rest an diesen einfachsten Reihen.

Bei anhaltenden Verständnisschwierigkeiten sollten Sie die Rechenhandlung konkret durchführen lassen (*: 10* und *: 5* mit Geldmünzen, *: 2* mit Holzwürfeln und 2 Halmakegeln).

KV E46–47 fordern dazu auf, die 3er- und 4er-Reihe am Hunderterfeld zu üben. Dies erlaubt eine Anknüpfung an die zum Einstieg verwendeten Karofelder und hilft, Lösungsstrategien wie 5 · als Kernaufgabe (8 · 4 = 5 · 4 + 3 · 4) oder andere Verwandtschaften (8 · 4 = 8 · 2 + 8 · 2 oder 8 · 3 = 8 · 2 + 8) zu nutzen.

KV E48-49 überprüfen die Sicherheit in der 3er- und 4er-Reihe durch Divisionen mit Rest. Dabei wird der Blick auf die dabei möglichen Reste gelenkt. Ein zu großer Rest ist ein Hinweis darauf, dass weiter verteilt werden kann.

KV E50 übt die Verbindung von 2er- und 4er-Reihe.

KV E51 zeigt, wie das große Einmaleins aus dem kleinen entsteht (14 · 3 = 10 · 3 + 4 · 3). Bei Verständnisschwierigkeiten können Sie die zugehörigen Karofelder mit Zehnerlinie malen lassen.

KV E52 stützt die Automatisierung der behandelten Reihen durch die große Zahl der bei den Tabellen zu berechnenden Multiplikationen.

KV E53 führt die 9er-Reihe im Blick auf die Multiplikation mit 10 ein. Was hier beschrieben ist, sollten Sie handelnd mit der Klasse besprechen:
Schreiben Sie die Aufgabe 3 · 9 = __ an die Tafel und nehmen Sie drei Zehnerstäbe in die Hand. Sagen Sie in etwa: „Wenn da 3 · 10 wäre, wäre es leicht." (Auf den Zuruf der Kinder „30" schreiben Sie das an die Tafel (3 · 9 = 30). „Aber das stimmt ja nicht. Es sind ja nur dreimal Neun. Ich muss also von jedem Stab noch einen wegnehmen. Wie viel müssen also weg?" Daraus ergibt sich die richtige Lösung: **3** · 9 = 30 – 3 = 2**7**. Dieser Zusammenhang zwischen Aufgabe und Zehnerpartner wird sicher gefunden, wenn Sie einige Aufgaben in der dargestellten Form gemeinsam gerechnet und angeschrieben haben (siehe Ratgeber, S. 183 f.).

→ Tipp: Frühe Einführung der 9er-Reihe

Warten Sie nicht, bis die 3er- und 4er-Reihe sicher beherrscht werden. Wenn alle Kinder die 10er-Reihe kennen und das Training der 5er- und 2er-Reihe auch bei den Schwächeren eine gewisse Festigung zeigt, kann die 9er-Reihe eingeführt werden, die durch eine kleine Aufmerksamkeit einfacher zu lernen ist als die anderen Reihen. *Außerdem wiederholen Sie mit der 9er-Reihe die Zehnerpartner.*

Beherrschen die Kinder die bisher behandelten Reihen samt Tauschaufgaben, so fehlen nur noch neun und unter Berücksichtigung von Tauschaufgaben sogar nur fünf verschiedene Aufgaben! Diese werden ganz unabhängig von der jeweiligen Reihe in Verbindung mit den großen Aufgaben der 9er-Reihe (9 · 6, 9 · 7, 9 · 8 und 9 · 9) als „große Aufgaben" geübt. KV E55–57 stellen entsprechende Übungsaufgaben. Wobei die untere Tabelle von KV E57 das Berechnen von Hunderterübergängen erfordert und nur für leistungsstarke Schüler geeignet ist. Alle können die großen Reihen dagegen mit KV E67–71 üben.

! Wichtig

Kennen die Kinder die Lösungen der 1er-, 10er-, 5er-, 2er-, 3er-, 4er- und 9er-Reihe (samt Tauschaufgaben!), so beherrschen sie 91% des kleinen Einmaleins.

Es fehlen nur noch die neun Aufgaben:

6·6	6·7	6·8
7·6	7·7	7·8
8·6	8·7	8·8.

Auf der dann erreichten Grundlage können die Tabellen auf E57 sowie *alle Aufgaben des kleinen Einmaleins* gelöst werden.

Tipps zum weiteren Festigen

1. Geben Sie den Kindern zum Üben KV E59 an die Hand. Dort finden sie zu den Reihen Aufgabenpäckchen mit Lösungen, die es erlauben, sich von einem Partner abfragen zu lassen oder auch (durch Verdecken) sich selbst abzufragen.
2. Helfen Sie den Kindern dabei, Lösungsstrategien zu nutzen, um sich schwierige Lösungszahlen klar zu machen.

Lösungsstrategien:

- Einmal mehr als 5 ·
  $6 \cdot 8 = 5 \cdot 8 + 1 \cdot 8 = 40 + 8 = 48$
- Das Doppelte von · 4
  $6 \cdot 4 = 24 \rightarrow 6 \cdot 8 = 48$
- Einmal mehr als eine bekannte Aufgabe
  $6 \cdot 3 = 18 \rightarrow 7 \cdot 3 = 18 + 3 = 21$

10-Minuten-Training und 1×1-Pass

KV E58 gibt Ihnen für jede Reihe des 1×1-Passes ein Trainings- und Testpäckchen an die Hand, das aus je neun Multiplikationen, Divisionen und Ergänzungsaufgaben besteht.

Tipp: 10-Minuten-Training

Kopieren Sie sich dieses Arbeitsblatt mindestens in doppelter Klassenstärke und schneiden Sie die Kopien entsprechend der Päckchen, so dass Sie jedem Kind schnell das Päckchen geben können, das es gerade üben oder testen will.

Achten Sie aber darauf, dass diese Rechenpäckchen immer nur in Situationen verteilt werden, in denen auf Tempo gerechnet werden muss. Damit die Konzentration erhalten bleibt und die Kinder wirklich mit dem ihnen möglichen maximalen Tempo arbeiten, darf diese Unterrichtsphase nicht länger als 10 Minuten dauern. Deshalb heißt die Überschrift „10-Minuten-Training". (Zur Durchführung des Trainings, siehe Ratgeber, S. 180 ff.)

Das Ziel ist, die Zeit festzuhalten, die ein Kind für jeweils ein Aufgabenpaket benötigt. Liegt diese unter 2 Minuten, bekommt es seine Unterschrift im 1×1-Pass. Dass Sie die Bearbeitungszeit kennen, können Sie bei gemeinsamer Durchführung in der gesamten Klasse auf eine der zwei folgenden Weisen gewährleisten:

1. Sie verfahren wie unten beim Diagnosetest beschrieben. Hier notieren die Kinder die Zeit selbst, bevor sie zu den Aufgaben der nächsten Reihe übergehen.
2. Die Kinder kommen mit dem gerechneten Zettel zu ihnen gelaufen. Sie notieren die Zeit selbst und geben den Kindern den jeweils nächsten Übungszettel. (Das ist nicht so genau und das Laufen schafft Unruhe. Aber diese Übungsform ist nicht so streng und macht den Kindern mehr Spaß.)

Bei KV E60 geht es darum, zu erkennen, mit welcher Operation ein Sachproblem angegangen werden kann. Insbesondere sollen Aufgaben, die durch Multiplikation bzw. Division gelöst werden von jenen unterschieden werden, bei denen man addieren oder subtrahieren muss.

Mit den KV E61 und E62 können die Kinder Sterne zeichnen und entlang der Sterne das Einmaleins üben (siehe Ratgeber, S. 134). Zusätzlich zu den angeregten Vierer- und Dreiersternen kann durch Ausprobieren erforscht werden, was bei den anderen Reihen geschieht.

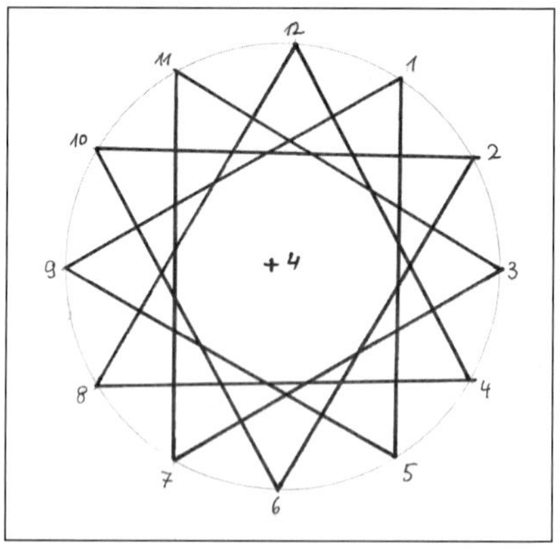

2.5.4 Diagnose

Durchführung des Tests

1. Sie verteilen die Tests, die Kinder schreiben ihren Namen auf das Blatt und drehen es um. *(Falls notwendig, können Sie in einer Testsituation verschiedene Kinder auch unterschiedliche Tests schreiben lassen. Das ist manchmal im Blick auf die die inklusive Beschulung von Vorteil.)*
2. Sie bereiten die Tafel mit einem großen Rechteck vor, in dem Sie während des Tests die vergangene Zeit notieren. Dafür benötigen Sie eine Uhr mit Sekundenzeiger.

3. Wenn der Sekundenzeiger auf 12 steht, sagen Sie: „Los!“ Die Kinder drehen das Blatt um und fangen an zu rechnen.
4. Während die Kinder rechnen, halten Sie die vergangene Zeit an der Tafel im 15-Sekunden-Takt fest, indem Sie diese in dem Rechteck aufschreiben (15", 30", 45", 1', 1'15", 1'30", ...).
5. Die Kinder rechnen, und wenn sie einen Abschnitt fertig haben und an den zugehörigen Kasten kommen, schreiben sie die Zeit, die gerade im Rechteck an der Tafel notiert ist, auf, bevor sie weiter rechnen. (So können *alle* Kinder unabhängig von ihrem jeweiligen Rechentempo und unabhängig von den persönlichen Testaufgaben am gemeinsamen Testgeschehen teilnehmen.)
6. Nach 15 Minuten ist für alle Schluss. Wer vorher fertig ist, dreht sein Blatt um und malt etwas auf die Rückseite.

Auswertung des Tests

1. Sie vergleichen die Ergebnisse der Kinder mit den Lösungen auf dem Lösungsblatt. Dabei notieren Sie sich, wenn systematische Fehler wie $3 \cdot 0 = 3$ oder zum Beispiel gehäufte Fehler bei der Division vorkommen.
2. Sie berechnen die für die einzelnen Abschnitte verbrauchten Zeiten, indem Sie die Differenz zu der Zeit beim vorangegangenen Abschnitt berechnen.
3. Sie notieren sich, zu welchen Reihen die Aufgaben richtig in weniger als 2 Minuten gelöst wurden. Diese Reihen können Sie dem Kind in seinem 1×1-Pass unterschreiben und auf seiner Lösungstabelle durchstreichen.
4. Sie halten fest, wie viele Aufgaben insgesamt bearbeitet und wie viele davon richtig gelöst wurden. Wenn ein Kind alle 192 Aufgaben gerechnet hat, notieren Sie auch die benötigte Gesamtzeit. (Das erlaubt es Ihnen, weitere Fortschritte in der Automatisierung über die Schuljahre sichtbar zu machen.)

Führen Sie den Test wiederholt durch. Dann können Sie sicher sein, dass Einmaleins-Schwächen einzelner Kinder auch dann nicht unbemerkt bleiben, wenn diese Kinder am Unterricht oberflächlich erfolgreich teilnehmen. Außerdem erkennen Sie bei denjenigen Kindern, die nur mit großen Problemen das Einmaleins lernen, dass deren Lernentwicklung nicht still steht und in welchem Umfang sie trotz der Schwierigkeiten über die vier Jahre dennoch vorankommen (siehe Ratgeber, S. 44 ff.).

3 Geometrie

Die Geometrie ist aus verschiedenen Gründen ein didaktisch interessantes Teilgebiet der Mathematik. Einerseits eröffnet sich durch geometrische Objekte wie Punkt, Linie, Strecke, Gerade, Winkel, Kreis, Linie, Quadrat, Quader ein ganz eigenes autonomes Arbeits- und Erfahrungsfeld, bei dem das Erkennen und Zeichnen von Linien, Formen und Körpern im Vordergrund steht und das Kinder genau deshalb mögen, weil es einmal nicht um das Rechnen geht. Auch Kinder mit Rechenschwächen können bei der Geometrie glänzen.

Andererseits lässt sich dieser Teilbereich der Mathematik über das Messen sehr gut mit dem Rechnen verbinden und es wird das ästhetische Element, und damit auch der künstlerische Bereich, automatisch mit angesprochen. Da geometrische Objekte Abstraktionen von in der Wirklichkeit vorhandenen Linien, Flächen und Körpern sind, sind auch sachkundliche Bezüge möglich und naheliegend. Die begriffliche Ebene lässt sich wiederum über Lese- und Schreibtexte mit dem Fach Deutsch verbinden. In diesem Sinne kann die Geometrie als Baustein eines fächerverbindenden Unterrichts genutzt werden, wodurch das pädagogische und fachdidaktische Gesamtkonzept des zunächst vor allem auf das Rechnen ausgelegten Lehrgangs *Mathe inklusiv* befruchtet und unterstützt wird. Unter diesem Blickwinkel wird die Geometrie hier vorgestellt und sind die nachfolgenden Kopiervorlagen entworfen.

3.1 Verbindung von Geometrie und Rechenlehrgang

Längen als Modell für reversible Wert-Ebenen

Eine unmittelbare Verbindung zwischen Geometrie und Arithmetik wird möglich, wenn das Zeichnen millimetergenau geschieht oder millimetergenau gemessen wird, wenn also Größen ins Spiel kommen. Die Verlängerung von Strecken und die Umfangsberechnung führen zu Additionsproblemen, die Verkürzung einer Strecke kann als Subtraktion interpretiert werden. Stellt man Aufgaben, bei denen das Verhältnis von Zentimeter und Millimeter berücksichtigt werden muss, entstehen ganz anschauliche Probleme auf der Zehner-Einer-Ebene. So gesehen kann der Zentimeter als *Modell für den (reversiblen) Zehner* verstanden werden. Das macht dieses Größenpaar unter fachdidaktischem Gesichtspunkt für das erste und zweite Schuljahr besonders interessant (siehe Materialband 3, Kapitel 3.3).

Geometrie und Multiplikation (Fläche und Volumen)

Auf Seite 7 wurde bereits dargestellt, dass rechteckige Strukturen zu Multiplikationsproblemen führen und wie diese auf Karopapier mit den Aufgaben des Einmaleins identifiziert werden können. Weitere Verbindungen werden möglich, wenn man sich mit den Flächen von Rechtecken oder Volumen von Quadern beschäftigt.

Das Thema Flächenberechnung kommt ins Spiel, wenn bei den Karofeldern die Kästchen weggelassen werden, das Rechteck also auf weißem Papier abgebildet ist. Die Frage, wie viele Kästchen sich unsichtbar verstecken, kann jedoch nur beantwortet werden, wenn man weiß, wie groß die Kästchen sind. Nimmt man an dieser Stelle das Lineal und markiert zentimetergroße Abstände, entstehen Quadratzentimeter. Auf diese Weise lassen sich der Flächenbegriff und seine Berechnung an dieser Stelle einführen.

Wird der Aufbau eines mit Holzwürfeln gebauten Gebäudes beschrieben, so entstehen Terme, die mit der Anzahl der verbauten Würfel zugleich das Volumen beschreiben. Beschreibt man auf diese Weise Quader, so entstehen Multiplikationen mit drei Faktoren, die, wenn sie geeignet gewählt werden, im zweiten Schuljahr berechenbar sind. Zwar geht es hier noch nicht um genormte Kubikzentimeter, aber die Idee der Volumenberechnung kann thematisiert werden.

$2 \cdot 3 \cdot 4 = 6 \cdot 4 = 24$

3.2 Verbindung von Geometrie, Deutsch- und Kunstunterricht

Geometrie besteht nicht nur aus dem Zeichnen und Erkennen von Formen. Es geht auch darum, diese zu benennen und zu beschreiben, also die Sprache der Geometrie mit ihren Begriffen kennenzulernen. Dies kann für den Deutschunterricht genutzt werden, insbesondere für das Lesetraining. Lückentexte und Aufgaben, bei denen Wörter oder beschreibende Sätze geometrischen Objekten zugeordnet werden müssen, bieten sich hierfür an.

Noch naheliegender ist die Verbindung von Geometrie- und Kunstunterricht. Beide Arbeitsbereiche leben von der ästhetischen Dimension. Wenn in Geometrie flächige Formen behandelt werden, dann können diese auch künstlerisch verwertet werden. Umgekehrt gilt aber auch, dass das freiere Formenzeichnen im Kunstunterricht einen Anlass darstellt, Begriffe wie Linie, krumm und gerade, senkrecht und waagerecht, Kreis, Dreieck, Viereck oder Quadrat ins Spiel zu bringen. Wenn Sie in Ihrem Kunstunterricht darauf achten, können Sie nebenher viel geometrisches Grundwissen aufbauen.

Das freie Zeichnen mit der Hand und das exakte Zeichnen mit Lineal oder Geodreieck sind zwei Arbeitsformen, die unterschiedliche Produkte erzeugen und daher eigenständigen Wert haben. Sie schaffen unterschiedliche Aufmerksamkeiten. Beide Formen des Ausdrucks schulen aber nicht nur die Handmotorik, sondern erlauben es auch, geometrisches Denken aufzubauen und zu vertiefen.

Zwischen diesen beiden Arbeitsformen steht das Zeichnen mit Schablonen, das auch ohne Messvorgänge Exaktheit erlaubt und daher besonders schöne Ergebnisse hervorbringt.

3.3 Erläuterungen zu den Kopiervorlagen

3.3.1 Verbindung von Geometrie und Rechenlehrgang

Längen als Modell für reversible Wert-Ebenen

Auf KV G1–2 soll die Länge von Strecken mit dem Lineal gemessen werden. (Bei Strecken werden die Endpunkte markiert, damit sie nicht mit Geraden verwechselt werden können.) Die Längen sind dabei so gewählt, dass sich keine glatten Zentimeterangaben als Lösungen ergeben. Dadurch lernen die Kinder nicht nur das sorgfältige millimetergenaue Ablesen (und damit den Unterschied zwischen Zentimeter und Millimeter) kennen, sie lernen zugleich, das Lineal richtig mit der 0 als Ausgangspunkt anzulegen.

Im 2. Schuljahr sollten Sie das Geodreieck zum Messen und Zeichnen einführen, da es für das Zeichnen von Rechtecken und Quadraten benötigt wird. Bei Längen über 7 cm muss hier nicht bei der 0, sondern bei der 7 begonnen werden. Also: 8,4 cm = 7 cm + 1,4 cm.

Wichtig: Notation des gemessenen Ergebnisses

Lassen Sie das Ergebnis nach Größeneinheiten getrennt notieren. Anschließend wird es als Kommazahl aufgeschrieben. (Eine ausführlichere Beschreibung finden Sie in Materialband 3.)

4 cm 3 mm = 4,3 cm
5 cm 0 mm = 5,0 cm
0 cm 7 mm = 0,7 cm

Auch beim Zeichnen, das auf KV G3–5 gefordert wird, ist es wichtig, dass die Kinder ihre Linie bei der 0 beginnen.

Tipp

Machen Sie sich eine Musterlösung und kopieren Sie diese Zeichnung auf OHV-Folie. Dann können Sie (oder die Kinder) die Genauigkeit der gezeichneten Linien durch Auflegen der Folie schnell überprüfen.

Ab KV G6 wird das Zeichnen mit dem Rechnen verbunden. (Im 1. Schuljahr, wenn die Motorik noch nicht so entwickelt ist, können Sie das auch mit ganzen Zentimetern tun und etwa 3 + 4 = _7_ zeichnerisch lösen.)

KV G7–9 greifen dieses Addieren als Umfangberechnung auf. (Der Umfang, das ist der Weg um die Form. Oder: Wie lang ist der Weg, den der Stift zeichnet?) Die Berechnung geschieht wieder in der Form, dass Zentimeter und Millimeter zunächst getrennt berechnet und erst im Anschluss zusammengefasst werden.

Beispiel: Rechteck

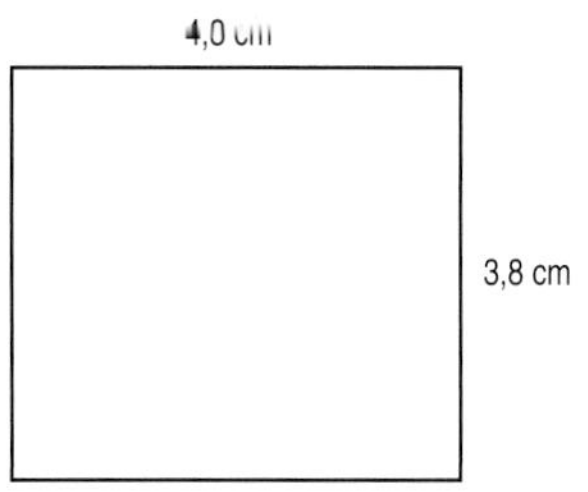

U = 4,3 cm + 3,8 cm + 4,3 cm + 3,8 cm = 14 cm 22 mm
= 16 cm 2 mm = 16,2 cm

Aufgabe 2 von KV G9 ist eine Forschungsaufgabe. Viele Lösungen ergeben sich erst dadurch, dass die Seiten des Rechtecks kein glattes Zentimetermaß besitzen. Andererseits gibt es aber bereits erste Lösungen auf Zentimeterbasis (1 cm × 4 cm und 2 cm × 3 cm).

Tipps

1. In Materialband 5 finden Sie ein schönes Projekt zum Thema „Umfang von Quadern“. Da die Quader aus im Rechteck gelegten Holzwürfeln konkret gebaut werden, können alle Kinder verständig an diesen Umfangsberechnungen mitarbeiten und erforschen, welche Quader zu einem bestimmten Umfang gelegt werden können.
2. Geben Sie auch schräge Linien vor, aus denen ein Quadrat oder Rechteck gezeichnet werden soll. Das verhindert, dass senkrecht mit vertikal identifiziert wird. (Wenn man ein Rechteck oder Quadrat dreht, bleiben die Winkel rechtwinklig.)
   Insbesondere an der Tafel sollten Sie die Gewohnheit, von einer waagerechten Linie auszugehen, gezielt durchbrechen.

Geometrie und Multiplikation (Fläche und Volumen)

KV G10 und G11 knüpfen an den Karofeldern auf Kästchenpapier an. Nun soll die Kästchenanzahl an leeren Rechtecken bestimmt werden. Dafür müssen diese erst eingezeichnet werden. Wird dafür das Seitenmaß Zentimeter genommen, so entstehen Quadrate mit 1 cm^2 Fläche. Schnell kann dabei erkannt werden, dass sich die Fläche als Produkt der Seiten ergibt, so dass sich das Einzeichnen der Quadrate bei der Flächenberechnung in der Folge erübrigt.

In den Aufgaben 2 und 3 der KV G11 sind Seitenmaße mit halben Zentimetern gegeben. Dadurch entstehen Teilflächen von halben Quadratzentimetern, die zu ganzen zusammengefügt werden müssen.

Auf KV G12–14 dienen Baupläne als Rechenanlass. Auf G12 und G13 soll am Bauplan erkannt werden, ob es sich um einen Quader, Würfel oder etwas anderes handelt. Außerdem soll die Anzahl der benötigten Würfel berechnet werden. Das anschließende Bauen hat die Funktion einer Selbstkontrolle. Aufgabe 3 auf KV G13 thematisiert die Tatsache, dass eine Multiplikation mit drei Faktoren einen Quader beschreibt.

Bei KV G14 soll ein vorhandenes Gebäude so ergänzt werden, dass ein Quader oder Würfel entsteht. Kinder mit weniger Vorstellungsvermögen können die Aufgabe (wie auch auf G12–13) praktisch lösen.

Neben dieser Verbindung von Volumen und Multiplikation verbinden auch die auf Seite 14 dargestellten Multiplikationssterne die Geometrie mit der Multiplikation.

Weitere Sterne entstehen, wenn man statt einer 10er-Einteilung eine 12er-Einteilung wie auf einer Uhr verwendet.

3.3.2 Verbindung von Geometrie, Deutsch- und Kunstunterricht

Geometrie und Deutsch (KV G15–19)

KV G15 und G16 führen zentrale geometrische Begriffe als Lückentext ein. Es sind Anlässe zum sinnentnehmenden Lesen. Dabei geht es darum, den kategorialen Unterschied zwischen ein-, zwei- und dreidimensionalen Objekten (also von Linie, Fläche und Körper) zur Kenntnis zu nehmen. Gleichzeitig lassen sich über den Lückentext wichtige Begriffe wie *Ecke*, *Kante* und *Fläche* im Gespräch einführen. Das Medium Lückentext erlaubt Ihnen zugleich, Rechtschreibbesonderheiten zu thematisieren. Neben dem Qu und Y bietet sich der Problembereich g/k an.

Auf KV G16 wird angeregt, Zylinder und Pyramiden zu basteln. Dies bietet sich an, um diese meist unbekannten Begriffe besser mit Vorstellungen zu verbinden.

Wichtig

Beachten Sie, dass auch das Quadrat ein Rechteck und dass auch der Würfel ein Quader ist.

Das Quadrat ist nur dadurch, dass die Seiten gleich lang sind, ein *besonderes* Rechteck und der Würfel ist entsprechend ein *besonderer* Quader.

Für KV G17–18 müssen Sie eine Ausstellung mit geometrischen Körpern vorbereiten. Beschriften Sie die verschiedenen Körper mit Buchstaben, damit die Kinder die Buchstaben als Lösung auf den Arbeitsblättern eintragen können. Achten Sie beim Aufstellen darauf, dass die Prismen und Zylinder entsprechend dem Lesetext stehen und nicht liegen.

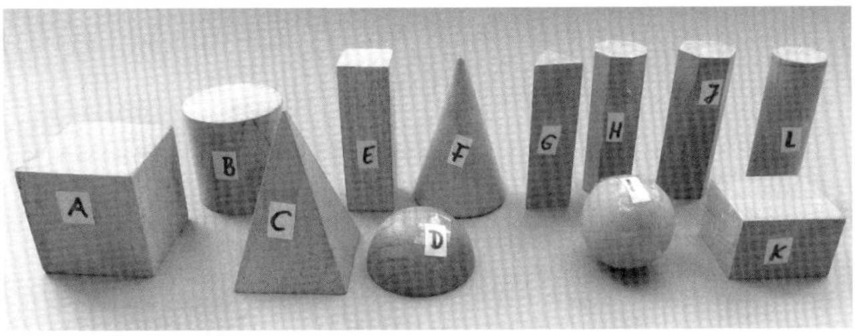

Es ist noch nicht nötig, dass Grundschulkinder in den ersten beiden Schuljahren die Namen der regelmäßigen Körper sicher kennen. Es kann aber ein Schritt auf dem Weg dorthin sein, wenn den in der Klasse ausgestellten geometrischen Körpern Beschreibungen vom Arbeitsblatt zugeordnet werden müssen. In diesem Sinne sind auch diese Vorlagen Leseübungen.

➔ Tipp

Lassen Sie diese Zuordnungsübungen in Partnerarbeit durchführen. Leistungsschwächere Schüler können sich dann vorlesen lassen und so mit entscheiden, welche Körper aus der Ausstellung der Beschreibung entsprechen.

Geometrie und Kunst (KV G20–22)

Viele geometrische Objekte zeichnen sich durch Eigenschaften wie Symmetrie, Harmonie und Ästhetik aus. Außerdem spielen Rechtecke und Quader in der täglichen Umwelt eine große Rolle, weshalb die Darstellung der Wirklichkeit besser gelingt, wenn man Eigenschaften der Grundformen wie zum Beispiel *parallel* kennt und nutzen kann. Aus diesen Gründen ist es naheliegend, gerade und krumme Linien, Rechtecke, Quadrate und Kreise sowie wichtige Körper wie Würfel und Quader auch im Kunstunterricht zu behandeln. Dabei sind drei grundsätzlich unterschiedliche Darstellungsformen zu unterscheiden:

1. Freihandzeichnungen
2. Schablonenzeichnungen
3. Zeichnungen mit Geodreieck und Lineal

Bevor in der Folge einige Anregungen gegeben werden, ein ganz wichtiger Hinweis, der dafür sorgt, dass *alle Bilder immer schön aussehen!*

➔ Tipp

Lassen Sie die Form oder Linie mit *wasserfesten* Wachsmalstiften malen. Lassen Sie im zweiten Schritt das Papier insgesamt (oder einzelne Formen) mit Wasserfarbe färben.

Oft reicht es, mit dem Schwamm eine Hintergrundfarbe zu setzen, um aus einer durchschnittlichen Freihandzeichnung ein schönes Bild zu machen.

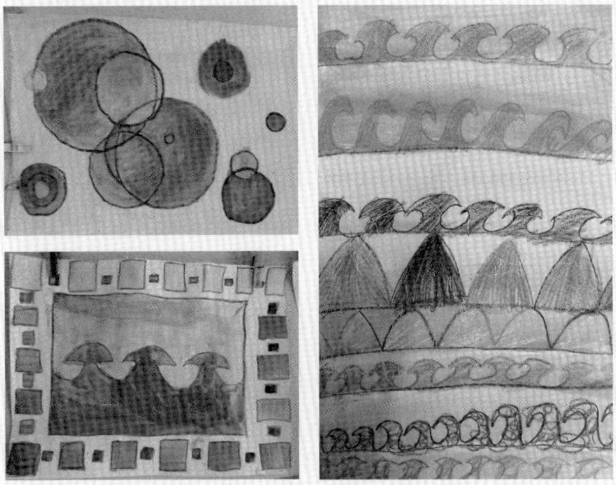

1. *Freihandzeichnen (KV G21–22)*

Beginnen Sie schon im ersten Schuljahr damit, waagerechte, senkrechte, schräge, gerade und krumme Linien zu zeichnen. Wichtig dabei ist alleine, dass die gezeichnete Linie keine beliebig entstandene, sondern eine gewollte ist. Es geht einerseits darum, zentrale Raumschemata in den Kindern zu stärken und gleichzeitig darum, die Hand zu erziehen, damit sie dem eigenen Willen folgen kann.

KV G21 und G22 sind *keine Kopiervorlage für die Kinder.* Es sind Anregungen für Sie, die Ihnen zeigen, wie Sie mit einfachen Mitteln effektvolle Muster zeichnen lassen können.

Tipps

1. Wenn Ihnen die Grundidee dieses Freihandzeichnens gefällt, dann sollten Sie sich ein Buch zum anthroposophischen *Formenzeichnen* besorgen, weil dieses den Hintergrund des hier vorgeschlagenen geometrischen Zeichnens bildet.
2. Beginnen Sie an der Tafel und geben Sie den Kindern Schmierpapier, damit sie sich die Bewegungen ohne Stress aneignen können. Festigen Sie das Wissen um die jeweilige Form, indem Sie diese auf A4 *schön* zeichnen lassen. Setzen Sie dieses Können dann als Drittes im Kunstunterricht in großformatigen Bildern um.
3. Geben Sie nur solche Formen als Arbeitsblätter zum Nachspuren und Abzeichnen an die Hand, deren Grundbewegungen Sie vorher geübt haben. (Hier können Sie auch einzelne Muster von KV G21–22 auswählen und vergrößert anbieten.)

Beginnen Sie mit geraden Linien, die in Richtung oder Länge gezielt variiert werden. Ergänzen Sie dies durch Linien mit Krümmung. Wellenformen und Wirbel kommen bei Kindern besonders gut an.

Tipp: Schneckenbilder

Haben Sie Wirbelmuster oder Spiralen eingeführt, so können Sie damit sehr schöne Schneckenbilder malen lassen.

Benutzen Sie im zweiten Schuljahr Zeichenkohle als Alternative zu den Wachsmalstiften. Wenn die Kohlezeichnung mit Fixativ besprüht ist, kann sie im zweiten Durchgang mit Wasserfarben farbig koloriert werden.

Aufbauend auf das Zeichnen von Linien können flächige Formen gezeichnet werden. Um einen Kreis, ein gleichseitiges Dreieck, ein Rechteck oder ein Quadrat freihand zu zeichnen, muss man sich dessen Eigenschaften aneignen und die Hand dazu erziehen, dieses Wissen in entsprechende Bewegungen umzusetzen. Wie bei den Linien sollte die Bewegung dabei möglichst flüssig und am Stück erfolgen.

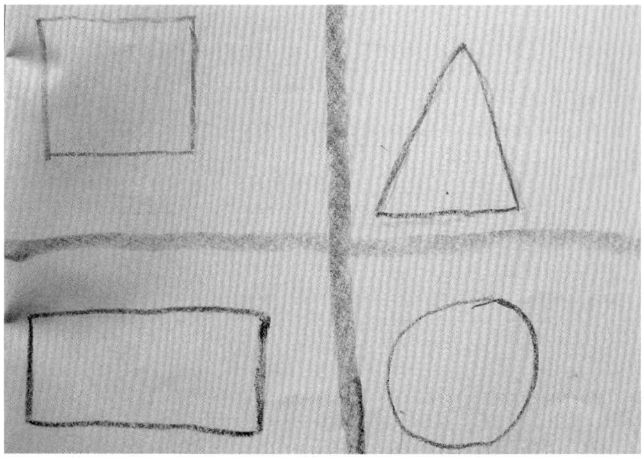

Durch Variationen der Form werden Effekte und auch neue Formideen erzeugt, die sich bei Bildern im Kunstunterricht nutzen lassen.
Wenn bei den Dreiecken und Quadraten keine Ecken sondern Schleifen nach außen gezeichnet werden, entstehen aus dem schon Bekannten neue Formen, die zugleich zentrale Begriffe wie gerade und krumm, senkrecht, schräg und waagerecht, Punkt und Linie, Quadrat und Kreis mit der Bewegungserfahrung klären.

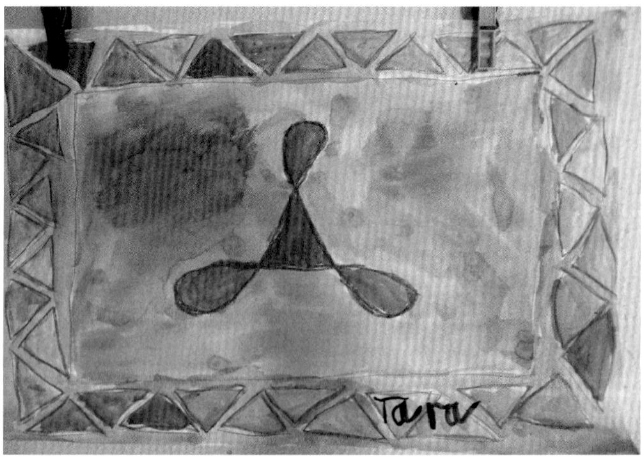

2. *Zeichnen mit Schablonen (KV G20)*
Das Zeichnen mit Schablonen hat den Vorteil, dass ein Teil des notwendigen Wissens durch die Schablone eingebracht wird. Das reduziert den kognitiven Anspruch und kommt Kindern mit entsprechenden Schwächen entgegen. Andererseits soll die Schablone nicht das fertige Bild liefern, sondern das Bild nur ermöglichen. Diese Grundidee wird hier für das Thema *Würfel und Quader* dargestellt. Alles, was Sie zur Vorbereitung dieser Stunden tun müssen, das ist, KV G20 auf möglichst festen Karton zu kopieren oder – noch besser – die Formen aus fester Pappe selbst anzufertigen.

Um einen dreidimensionalen Würfel zu zeichnen, benötigen Sie nur zwei Schablonen: Ein Quadrat und ein Parallelogramm. Das Quadrat erzeugt die Vorderseite, das Parallelogramm zweimal angelegt die nach hinten führenden Flächen. Mit diesem Handwerkszeug können auch motorisch ungeschickte Kinder komplexe Würfelgebäude zeichnen.

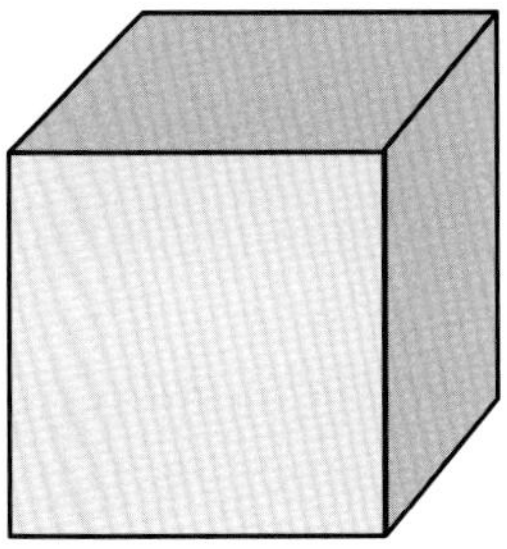

! Wichtig

Damit die Gebäude die Perspektiven richtig darstellen, ist es sinnvoll, das Gebäude *Würfel für Würfel* konkret aufzubauen und nur das Gebaute zu zeichnen.

Geben Sie die Anweisung, immer erst den neuen Würfel hinzulegen und dann die sichtbaren Vorder- und Seitenflächen mit einem Bleistift zu zeichnen. Werden durch den neuen Würfel Flächen verdeckt, müssen die entsprechenden Linien wegradiert werden. Das Ineinandergreifen von Bauen und Zeichnen sorgt dafür, dass das Verständnis für den Zusammenhang zwischen der räumlichen Geometrie des Gebäudes und der flächigen Geometrie der Zeichnung erhalten bleibt.

Ist das Gebäude fertig gezeichnet, unterstützt eine Bodenlinie die räumliche Wirkung des Gesamtbildes. Dann werden alle Linien mit wasserfesten Wachsmalstiften nachgezogen und die Flächen mit Wasserfarben ausgemalt. (Werden die verdeckten Linien nicht wegradiert, sondern mitgezeichnet, so entstehen transparente Würfelgebäude.)

3. *Zeichnen mit dem Geodreieck*
Das Geodreieck erlaubt es nicht nur, exakte Rechtecke und Quadrate zu zeichnen. Es ist vor allem beim Zeichnen dreidimensionaler Bilder eine große Hilfe. Der dreidimensionale Effekt entsteht dabei aus einer Parallelverschiebung oder, für die Kinder einfacher zu verstehen und (wenn auch nicht ganz so exakt) herzustellen, durch eine Verschiebung der Eckpunkte.

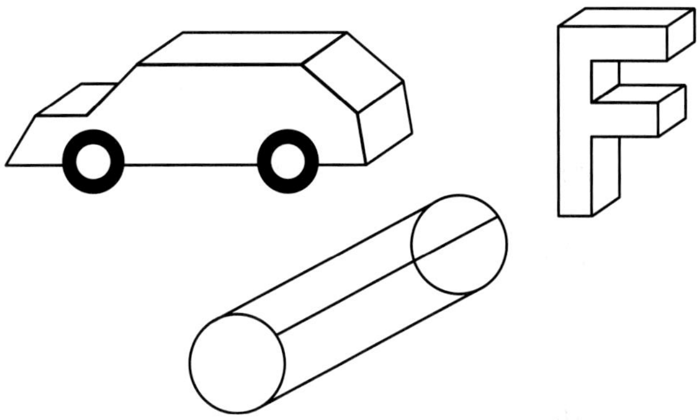

Da das exakte Zeichnen mit dem Geodreieck im ersten und zweiten Schuljahr noch schwer fällt, können Kinder, die dazu noch nicht in der Lage sind, den 3D-Effekt auch als Freihandzeichnung erzeugen. Die eigenen Initialen oder der eigene Name sind hierfür beliebte Anlässe.

E1 (Mal)

Wie viel haben die Kinder zusammen?
Schreibe, lege und rechne.

2 Kinder. Jedes 4 Würfel. ___ · ___ = _____

3 Kinder. Jedes 2 Würfel. ___ · ___ = _____

4 Kinder. Jedes 3 Würfel. ___ · ___ = _____

2 Kinder. Jedes 2 Würfel. ___ · ___ = _____

3 Kinder. Jedes 3 Würfel. ___ · ___ = _____

3 Kinder. Jedes 1 Würfel. ___ · ___ = _____

2 Kinder. Jedes 0 Würfel. ___ · ___ = _____

E2 (Mal)

Lege und rechne.

3 · 2 = _____ 2 · 3 = _____ 4 · 3 = _____ 4 · 1 = _____

3 · 4 = _____ 2 · 4 = _____ 4 · 2 = _____ 1 · 3 = _____

3 · 3 = _____ 2 · 2 = _____ 4 · 4 = _____ 1 · 4 = _____

Lösung: 3 / 4 / 4 / 4 / 6 / 6 / 8 / 8 / 9 / 12 / 12 / 16

Kannst du das auch?

3 · 2 + 2 = _____ 2 · 3 − 1 = _____ 3 · 4 − 3 = _____

2 · 4 + 2 = _____ 3 · 3 − 1 = _____ 2 · 4 + 1 = _____

Lösung: 5 / 8 / 8 / 9 / 9 / 10

E3 (Wie viele?)

Schreibe die Aufgabe. Lege. Zähle.

A

B

C

D

A: ______________________ B: ______________________

C: ______________________ D: ______________________

E4 (Wie viele?)

Male das Muster. Schreibe die Aufgabe im Heft. Zähle.

A

B

C

D

E

F

G

H

E5 (Aufgaben bauen)

1. Baue die Aufgabe. Wie viele Würfel?

3 · 3 + 2 · 2 = ____	4 · 4 + 2 · 2 + 1 · 1 = ____
3 · 4 + 2 · 3 = ____	2 · 4 + 2 · 3 + 2 · 2 = ____
2 · 3 + 2 · 3 = ____	4 · 3 + 3 · 3 + 2 · 3 = ____
Achtung!	3 · 3 + 2 · 2 − 2 = ____
3 · 4 + 2 · 3 − 3 = ____	2 · 3 + 2 · 3 − 1 = ____

2. Baue drei eigene Aufgaben und rechne.

________ ________ ________

E6 (Quader bauen)

1. Baue nach. Schreibe die Multiplikation.

__ · __ · __ = ____

__ · __ · __ = ____

2. Baue diese Quader und zähle:

3 · 3 · 3 = ____ 2 · 5 · 4 = ____ 4 · 3 · 3 = ____

3. Baue selbst. Schreibe die Multiplikation. ________

E7 (Geteilt)

Verteile. Wie viel bekommt jeder?

9 Würfel an 3 Kinder.	____ : __ = __
12 Würfel an 4 Kinder.	____ : __ = __
8 Würfel an 2 Kinder.	____ : __ = __
0 Würfel an 3 Kinder.	____ : __ = __

Jetzt mit Rest:

9 Würfel an 2 Kinder.	____ : __ = __ Rest __
9 Würfel an 4 Kinder.	____ : __ = __ Rest __
14 Würfel an 3 Kinder.	____ : __ = __ Rest __

E8 (Geteilt)

Lege und rechne.

11 : 3 = ____	9 : 2 = ____	8 : 4 = ____
8 : 3 = ____	8 : 2 = ____	9 : 4 = ____
9 : 3 = ____	6 : 2 = ____	16 : 4 = ____
12 : 4 = ____	10 : 4 = ____	3 : 4 = ____
12 : 3 = ____	10 : 3 = ____	3 : 3 = ____
12 : 2 = ____	10 : 2 = ____	3 : 2 = ____

Lösung: 0 R3 / 1 / 1 R1 / 2 / 2 R1 / 2 R2 / 2 R2 / 3 / 3 / 3 / 3 R1 / 3 R2 / 4 / 4 / 4 / 4 R1 / 5 / 6

E9 (Erst mal und dann weiter)

Lege und rechne.

$4 \cdot 2 + 2 =$ ____	$3 \cdot 3 + 3 =$ ____	$2 \cdot 4 + 4 =$ ____
$4 \cdot 2 - 2 =$ ____	$3 \cdot 3 - 3 =$ ____	$2 \cdot 4 - 4 =$ ____
$4 \cdot 2 - 4 =$ ____	$3 \cdot 3 + 1 =$ ____	$2 \cdot 4 + 2 =$ ____
$2 \cdot 3 - 4 =$ ____	$2 \cdot 2 - 4 =$ ____	$2 \cdot 4 - 3 =$ ____
$3 \cdot 3 - 4 =$ ____	$3 \cdot 2 - 4 =$ ____	$3 \cdot 4 - 3 =$ ____
$4 \cdot 3 - 4 =$ ____	$4 \cdot 2 - 4 =$ ____	$4 \cdot 4 - 3 =$ ____

Lösung: 0 / 2 / 2 / 4 / 4 / 4 / 5 / 5 / 6 / 6 / 8 / 9 / 10 / 10 / 10 / 12 / 12 / 13

E10 (Gemischt)

Lege und rechne.

$2 \cdot 3 + 2 =$ ____	$15 : 4 =$ ____	$2 \cdot 3 + 3 =$ ____
$3 \cdot 4 - 2 =$ ____	$0 : 3 =$ ____	$2 \cdot 4 - 3 =$ ____
$3 \cdot 3 + 2 =$ ____	$11 : 2 =$ ____	$4 \cdot 4 + 1 =$ ____
$4 \cdot 4 - 0 =$ ____	$14 : 2 =$ ____	$3 \cdot 2 + 3 =$ ____
$3 \cdot 3 - 0 =$ ____	$2 : 4 =$ ____	$4 \cdot 2 - 3 =$ ____
$4 \cdot 3 + 0 =$ ____	$12 : 3 =$ ____	$4 \cdot 4 - 1 =$ ____

Lösung: 0 / 0 R2 / 3 R3 / 4 / 5 / 5 / 5 R1 / 7 / 8 / 9 / 9 / 9 / 10 / 11 / 12 / 15 / 16 / 17

E11 (Verpackungen)

Wie viele Kekse sind es? Was vermutest du? Lege die möglichen Lösungen. Schreibe die Multiplikationen in dein Heft.
Was fällt dir auf? Erzähle es einem Partner.

A 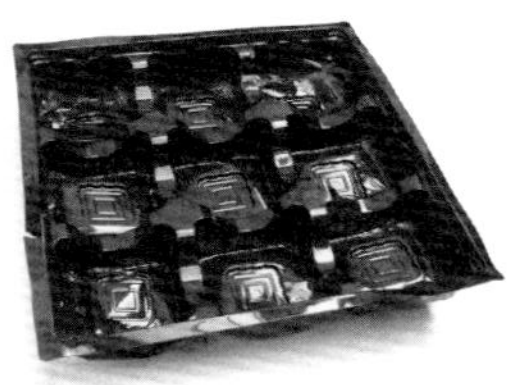

B 

C 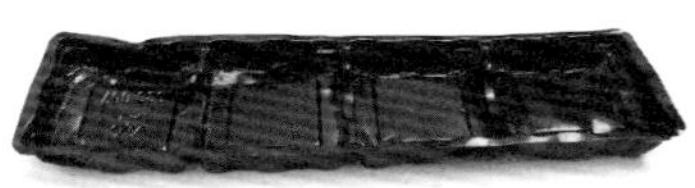

D 

E12 (Wie viele?)

Schreibe beide Multiplikationen. Zähle die Kästchen.

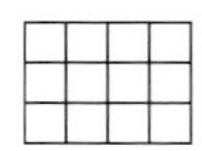

__ · __ = ____
__ · __ = ____

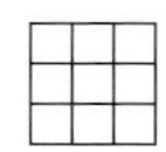

__ · __ = ____
__ · __ = ____

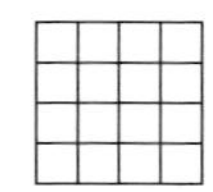

__ · __ = ____
__ · __ = ____

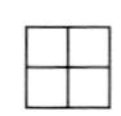

__ · __ = ____
__ · __ = ____

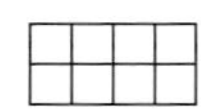

__ · __ = ____
__ · __ = ____

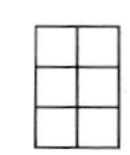

__ · __ = ____
__ · __ = ____

E13 (Wie viele?)

1. Schreibe beide Multiplikationen.
2. Kreise immer zwei Fünfer ein. Wie viele Kästchen sind es?

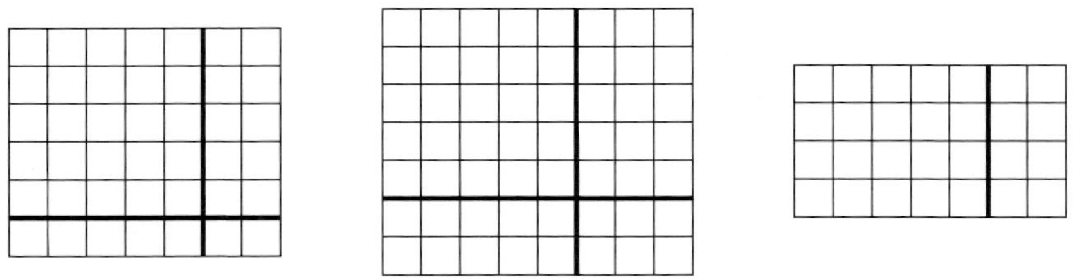

E14 (Wie viele?)

1. Schreibe beide Multiplikationen.
2. Kreise immer zwei Fünfer ein. Wie viele Kästchen sind es?

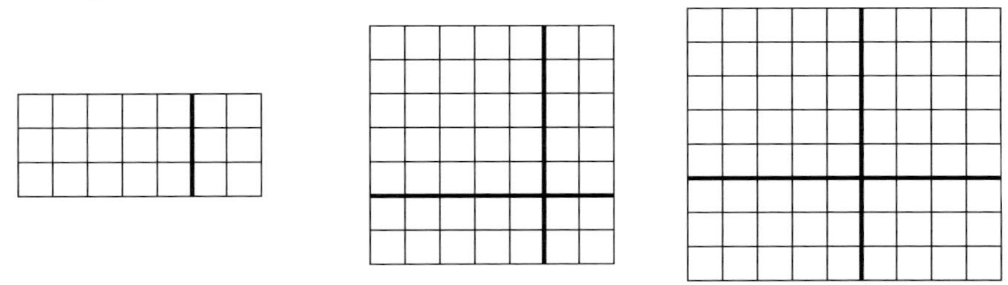

E15 (Wie viele?)

1. Zeichne die Fünferlinien ein.
2. Schreibe beide Multiplikationen.
3. Kreise immer zwei Fünfer ein. Wie viele Kästchen sind es?

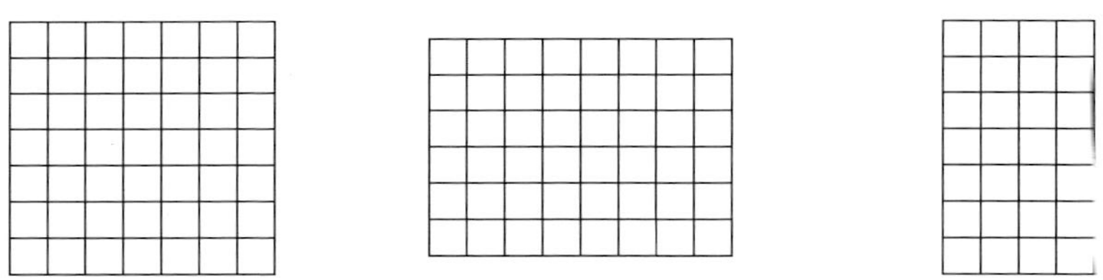

E16 (Wie viele?)

1. Zeichne die Fünferlinien ein.
2. Schreibe beide Multiplikationen.
3. Kreise immer zwei Fünfer ein. Wie viele Kästchen sind es?

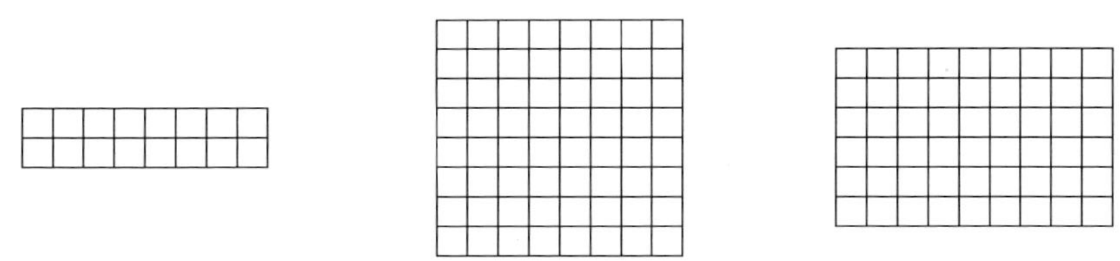

E17 (Wie viele?)

1. Zeichne zu den Aufgaben die Rechtecke ins Heft.
2. Zeichne, wo möglich, die Fünferlinien.
3. Fasse immer zehn Kästchen zusammen. Schreibe in die Felder, wie viele Kästchen es sind. Wie viele sind es zusammen?
4. Schreibe die Tauschaufgabe dazu.

a) $3 \cdot 6 =$	b) $7 \cdot 4 =$	c) $6 \cdot 6 =$	d) $4 \cdot 5 =$
e) $8 \cdot 4 =$	f) $2 \cdot 9 =$	g) $8 \cdot 7 =$	h) $5 \cdot 5 =$
i) $9 \cdot 3 =$	j) $7 \cdot 7 =$	k) $6 \cdot 5 =$	l) $6 \cdot 4 =$

E18 (Sachaufgaben I)

Schreibe die Rechnung in dein Heft und male jede Aufgabe als Rechteck. Schreibe die Lösung in deinem Heft als Antwortsatz.

1. In einer Packung Eier sind immer 6 Stück.
   Frage: Wie viele Eier sind in 7 Packungen?
2. In einem Netz sind immer 4 Orangen.
   Frage: Wie viele Orangen sind in 8 Netzen?
3. Auf dem Parkplatz stehen 9 Autos.
   Frage: Wie viele Reifen haben sie?

E19 (Sachaufgaben II)

Schreibe die Rechnung in dein Heft und male jede Aufgabe als Rechteck. Schreibe die Lösung in deinem Heft als Antwortsatz.

1. Wie viele Beine haben 6 Spinnen?
2. Wie viele Beine haben 6 Bienen?
3. Wie viele Beine haben 6 Kühe?
4. Wie viele Beine haben 7 Käfer?
5. Wie viele Beine haben 7 Enten?
6. Wie viele Beine haben 7 Elefanten?

Lösung: 14 / 24 / 28 / 36 / 42 / 48

E20 (Große Multiplikationen I)

1. Wie heißen Multiplikation und Tauschaufgabe?
2. Beschrifte die vier Felder. Rechne.

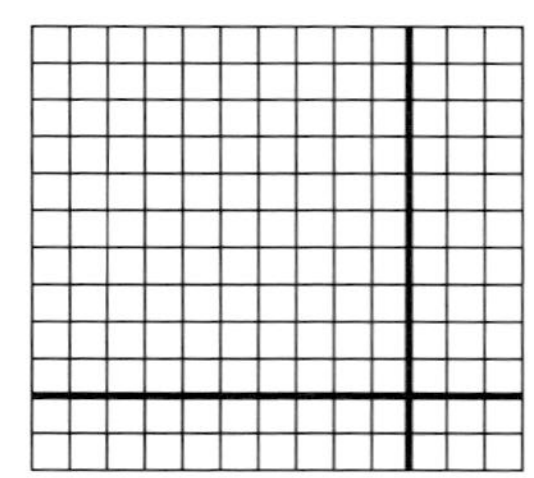
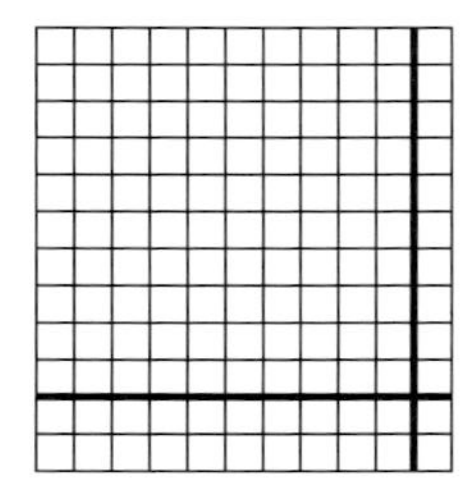
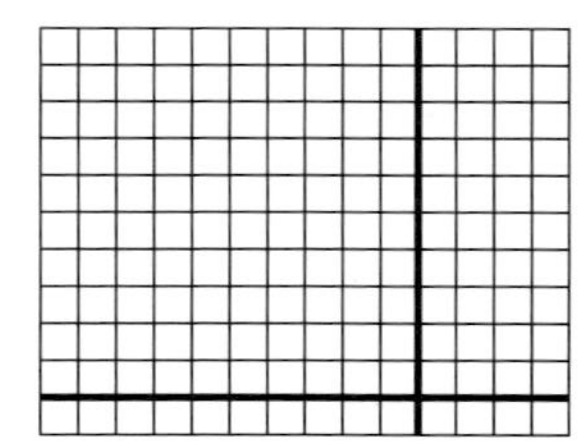

___ · ___ / ___ · ___	___ · ___ / ___ · ___	___ · ___ / ___ · ___
= 100 + ___ + ___	= 100 + ___ + ___	= 100 + ___ + ___

E21 (Große Multiplikationen II)

1. Wie heißen Multiplikation und Tauschaufgabe?
2. Beschrifte die vier Felder. Rechne.

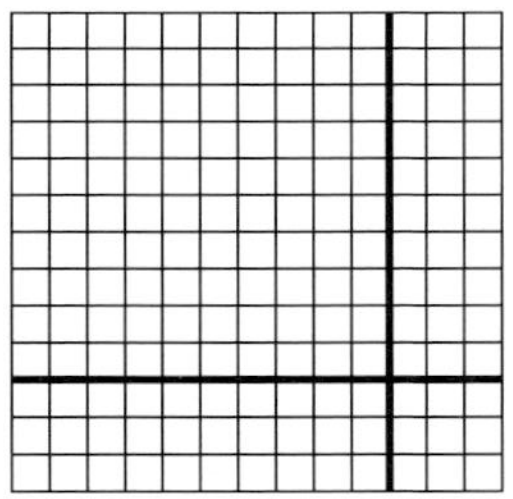
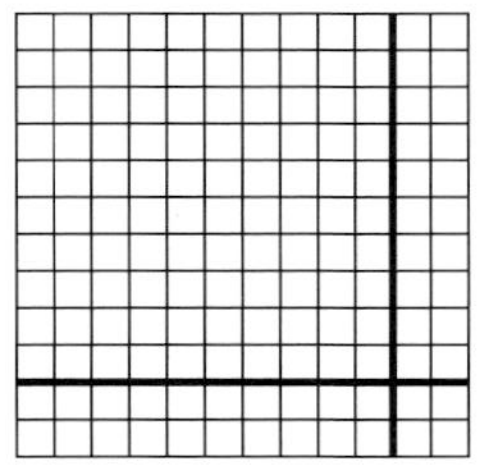
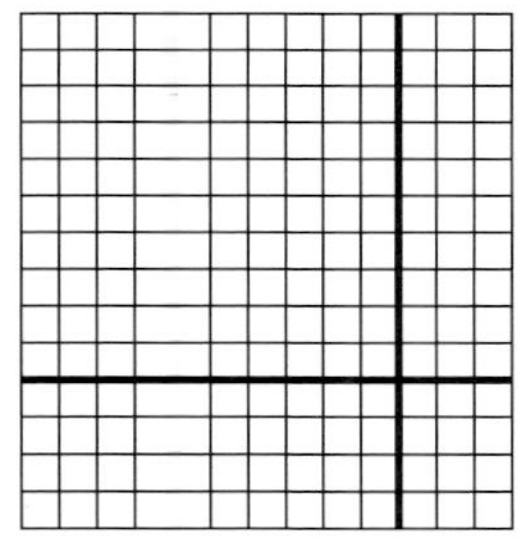

___ · ___ / ___ · ___   ___ · ___ / ___ · ___   ___ · ___ / ___ · ___

= 100 + ___ + ___   = 100 + ___ + ___   = 100 + ___ + ___

E22 (Große Multiplikationen III)

1. Zeichne zu den sechs Aufgaben die Rechtecke in dein Heft.
2. Zeichne die Zehnerlinien. Beschrifte die vier Felder.
3. Rechne aus, wie viele Kästchen es sind.

a) 13 · 11 =   b) 12 · 12 =   c) 12 · 14 =

d) 11 · 11 =   e) 11 · 13 =   f) 13 · 13 =

g) 12 · 11 =   h) 11 · 14 =   i) 14 · 12 =

E23 (Ganz große Multiplikationen)

Für Experten!

1. Zeichne die folgenden Multiplikationen in dein Heft.
2. Rechne dort wie im Beispiel.

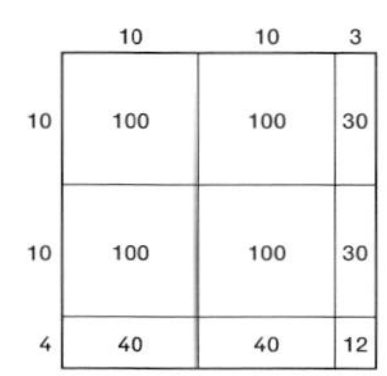

Beispiel: 24 · 23 = ____

24 · 23 = 400 + 30 + 30 + 40 + 40 + 12 = 552

a) 22 · 23 =   b) 30 · 24 =   c) 22 · 22 =   d) 30 · 20 =

e) 15 · 22 =   f) 13 · 24 =   g) 23 · 23 =   h) 30 · 30 =

E24 (Legen statt zeichnen)

Schreibe die Malaufgabe. Rechne.

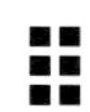 ______ = ____   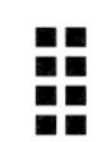 ______ = ____    ______ = ____

 ______ = ____    ______ = ____

 ______ = ____    ______ = ____

 ______ = ____    ______ = ____

E25 (1×1-Lösungstabelle und 1×1-Pass)

1×1-Lösungstabelle

von ____________________

1	2	3	4	5	6	7	8	9	10
2	4	6	8	10	12	14	16	18	20
3	6	9	12	15	18	21	24	27	30
4	8	12	16	20	24	28	32	36	40
5	10	15	20	25	30	35	40	45	50
6	12	18	24	30	36	42	48	54	60
7	14	21	28	35	42	49	56	63	70
8	16	24	32	40	48	56	64	72	80
9	18	27	36	45	54	63	72	81	90
10	20	30	40	50	60	70	80	90	100

1×1-Pass

____

kann die folgenden Reihen
und Aufgaben des kleinen 1×1

Reihe	Datum/Unterschrift
1	
10	
5	
2	
9	
3	
4	
Kl.	
Gr.	

E26

Name: ______ Datum: ______

5 · 1 = ___	10 : 1 = ___	___ · 1 = 3
8 · 1 = ___	7 : 1 = ___	___ · 1 = 8
6 · 1 = ___	0 : 1 = ___	___ · 1 = 1
0 · 1 = ___	2 : 1 = ___	___ · 1 = 6
9 · 1 = ___	5 : 1 = ___	___ · 1 = 0
3 · 1 = ___	9 : 1 = ___	___ · 1 = 10
1 · 1 = ___	1 : 1 = ___	___ · 1 = 7
7 · 1 = ___	6 : 1 = ___	___ · 1 = 9
2 · 1 = ___	8 : 1 = ___	___ · 1 = 4

4 · 10 = ___	40 : 10 = ___	___ · 10 = 0
7 · 10 = ___	30 : 10 = ___	___ · 10 = 20
3 · 10 = ___	70 : 10 = ___	___ · 10 = 80
8 · 10 = ___	50 : 10 = ___	___ · 10 = 60
5 · 10 = ___	20 : 10 = ___	___ · 10 = 10
9 · 10 = ___	90 : 10 = ___	___ · 10 = 70
2 · 10 = ___	10 : 10 = ___	___ · 10 = 50
0 · 10 = ___	100 : 10 = ___	___ · 10 = 40
6 · 10 = ___	0 : 10 = ___	___ · 10 = 30

3 · 2 = ___	14 : 2 = ___	___ · 2 = 10
7 · 2 = ___	10 : 2 = ___	___ · 2 = 16
6 · 2 = ___	12 : 2 = ___	___ · 2 = 4
9 · 2 = ___	18 : 2 = ___	___ · 2 = 18
10 · 2 = ___	6 : 2 = ___	___ · 2 = 12
4 · 2 = ___	20 : 2 = ___	___ · 2 = 20
5 · 2 = ___	4 : 2 = ___	___ · 2 = 2
8 · 2 = ___	16 : 2 = ___	___ · 2 = 14
0 · 2 = ___	2 : 2 = ___	___ · 2 = 0

9 · 5 = ___	30 : 5 = ___	___ · 5 = 5
4 · 5 = ___	20 : 5 = ___	___ · 5 = 25
7 · 5 = ___	45 : 5 = ___	___ · 5 = 35
10 · 5 = ___	50 : 5 = ___	___ · 5 = 0
6 · 5 = ___	35 : 5 = ___	___ · 5 = 40
3 · 5 = ___	10 : 5 = ___	___ · 5 = 15
8 · 5 = ___	25 : 5 = ___	___ · 5 = 50
5 · 5 = ___	5 : 5 = ___	___ · 5 = 10
2 · 5 = ___	0 : 5 = ___	___ · 5 = 20

E27 1×1-Pass (Klassenübersicht)

Name	10	5	2	9	3	4	Kl.	Gr.

© AOL-Verlag

E28 (10er-Reihe/Rechnen mit Zehnern)

1. Wie viel Geld ist das?

3 · 10 ct = ___ ct   8 · 10 ct = ___ ct
6 · 10 ct = ___ ct   0 · 10 ct = ___ ct
10 · 10 ct = ___ ct   4 · 10 ct = ___ ct

2. Wie viele Münzen brauchst du?

___ · 10 ct = 50 ct   ___ · 10 ct = 100 ct
___ · 10 ct = 20 ct   ___ · 10 ct = 70 ct
___ · 10 ct = 0 ct   ___ · 10 ct = 40 ct

3. Rechne mal.

3 · 10 = ____   5 · 10 = ____   0 · 10 = ____
2 · 10 = ____   6 · 10 = ____   7 · 10 = ____

4. Wie viel mal?

___ · 10 = 40   ___ · 10 = 60   ___ · 10 = 100
___ · 10 = 30   ___ · 10 = 0   ___ · 10 = 90

5. Rechne geteilt.

30 : 10 = ___   50 : 10 = ___   0 : 10 = ___
20 : 10 = ___   60 : 10 = ___   70 : 10 = ___

Mit Rest!   24 : 10 = ___ Rest ___
61 : 10 = ___ Rest ___   72 : 10 = ___ Rest ___

E29 (5er-Reihe/Rechnen mit Fünfern)

1. Schreibe die Addition. Zeichne mit Münzen. Rechne im Heft.

Beispiel: 3 · 5 = 5 + 5 + 5 = 15   (5) (5) (5)

a) 5 · 5 =   b) 4 · 5 =   c) 6 · 5 =   d) 8 · 5 =

2. Wie viele Zehner? Rechne im Heft.

Beispiel: 6 · 5 = 3 · 10 = 30   7 · 5 = 30 + 5 = 35

a) 4 · 5 =   b) 8 · 5 =   c) 2 · 5 =   d) 6 · 5 =
5 · 5 =   9 · 5 =   3 · 5 =   7 · 5 =

3. Schreibe die Tauschaufgabe. Rechne im Heft.

Beispiel: 5 · 7 = 7 · 5 = 35

a) 5 · 3 =   b) 5 · 6 =   c) 5 · 8 =   d) 5 · 4 =
e) 5 · 2 =   f) 5 · 9 =   g) 5 · 1 =   h) 5 · 10 =

4. Wie viele 5-Cent-Münzen? Schreibe die Multiplikation. Rechne im Heft.

Beispiel: 15 : 5 = 3, weil 3 · 5 = 15

a) 20 : 5 =   b) 30 : 5 =   c) 25 : 5 =
d) 35 : 5 =   e) 40 : 5 =   f) 45 : 5 =

5. Schreibe die 5er-Zahlen der Größe nach geordnet in dein Heft.

E30 (2er-Reihe)

1. Schreibe die Addition. Zeichne die Punktmuster. Rechne.

   Beispiel: 3 · 2 = 2 + 2 + 2 = 6 ●● ●● ●●

   a) 5 · 2 = b) 4 · 2 = c) 6 · 2 = d) 2 · 2 =

2. Verdoppeln mit dem Spiegel

   7 / 2 · 7 = ___
   3 / 2 · 3 = ___

   5 / 2 · 5 = ___ 8 / 2 · 8 = ___ 4 / 2 · 4 = ___
   10 / 2 · 10 = ___ 9 / 2 · 9 = ___ 6 / 2 · 6 = ___

3. Schreibe die Tauschaufgabe. Rechne im Heft.

   Beispiel: 4 · 2 = 2 · 4 = 8

   a) 5 · 2 = b) 8 · 2 = c) 6 · 2 = d) 9 · 2 =

4. Verteile. Lege. Schreibe die Multiplikation. Rechne im Heft.

   Beispiel: 14 : 2 = 7, weil 7 · 2 = 14

   a) 8 : 2 = b) 12 : 2 = c) 10 : 2 = d) 14 : 2 =
   e) 20 : 2 = f) 6 : 2 = g) 16 : 2 = h) 4 : 2 =

E31 (Einmaleins der 5 und 10)

•	2	5	0	3	6	4	9	7	1	8
5										
10										

a) 10 : 10 = __
10 : 5 = __
40 : 10 = __
40 : 5 = __
20 : 10 = __
20 : 5 = __

b) 50 : 5 = __
50 : 10 = __
30 : 5 = __
30 : 10 = __
25 : 5 = __
25 : 10 = __

c) 0 : 10 = __
0 : 5 = __
20 : 10 = __
20 : 5 = __
50 : 10 = __
50 : 5 = __

d) 15 : 5 = __
15 : 10 = __
35 : 5 = __
35 : 10 = __
5 : 5 = __
5 : 10 = __

E32 (Einmaleins der 2)

•	2	5	0	3	6	4	9	7	1	8
2										

1. Dividiere. Schreibe die Aufgaben mit Multiplikation ins Heft.

   a) 6 : 2 = b) 10 : 2 = c) 18 : 2 =

   d) 16 : 2 = e) 12 : 2 = f) 20 : 2 =

2. Schreibe die Rechnung und den Antwortsatz der Lösung in dein Heft.

   a) Wie viele Beine haben 8 Hühner?

   b) 14 Kinder stellen sich zu zweit auf. Wie viele Paare sind das?

   c) Vor der Bücherei stehen 12 Schuhe. Wie viele Kinder sind in der Bücherei?

3. Halbiere. Was ist die Hälfte? Zeichne und halbiere im Heft. Fülle die Tabelle aus.

8	4	10	0	12	6	16	20	2	14	18

E33 (2er-, 5er-, 10er-Reihe – gemischt)

•	10	2	5
3			
6			
5			
4			
8			
2			
9			
7			

__ · 10 = 40 __ · 10 = 70
__ · 10 = 10 __ · 10 = 30

__ · 2 = 10 __ · 2 = 6
__ · 2 = 14 __ · 2 = 20

__ · 5 = 50 __ · 5 = 10
__ · 5 = 25 __ · 5 = 0

20 : 10 = __ 90 : 10 = __ 50 : 10 = __
10 : 10 = __ 30 : 10 = __ 0 : 10 = __
100 : 10 = __ 80 : 10 = __ 70 : 10 = __

20 : 2 = __ 12 : 2 = __ 10 : 2 = __
4 : 2 = __ 18 : 2 = __ 6 : 2 = __
0 : 2 = __ 16 : 2 = __ 14 : 2 = __

25 : 5 = __ 15 : 5 = __ 30 : 5 = __
10 : 5 = __ 35 : 5 = __ 40 : 5 = __
5 : 5 = __ 50 : 5 = __ 45 : 5 = __

E34 (2er-, 5er-, 10er-Reihe: Teilen mit und ohne Rest)

: 10	: 5	: 2
20 : 10 = ______	25 : 5 = ______	8 : 2 = ______
23 : 10 = ______	28 : 5 = ______	9 : 2 = ______
27 : 10 = ______	29 : 5= ______	10 : 2 = ______
36 : 10 = ______	37 : 5 = ______	15 : 2 = ______
48 : 10 = ______	44 : 5 = ______	17 : 2 = ______
75 : 10 = ______	46 : 5 = ______	18 : 2 = ______
59 : 10 = ______	52 : 5 = ______	19 : 2 = ______

1. Welche Reste sind bei der 10er-, 5er-, 2er-Reihe möglich? Schreibe sie in dein Heft.
2. Denke dir fünf Divisionen mit Rest und fünf ohne Rest aus. Schreibe sie in dein Heft.

E35 (2er-, 5er-, 10er-Reihe: Teilen mit und ohne Rest)

16 : 10 = ______	5 : 2 = ______	12 : 5 = ______
8 : 10 = ______	21 : 2 = ______	35 : 5 = ______
32 : 10 = ______	8 : 2 = ______	38 : 5 = ______
85 : 10 = ______	16 : 2 = ______	21 : 5 = ______
45 : 10 = ______	17 : 2 = ______	1 : 5 = ______
105 : 10 = ______	18 : 2 = ______	0 : 5 = ______
83 : 10 = ______	9 : 2 = ______	27 : 5 = ______
10 : 10 = ______	13 : 2 = ______	20 : 5 = ______
69 : 10 = ______	15 : 2 = ______	19 : 5 = ______

E36 (Station A: Falten und Lochen (2er/4er))

a) Falte *einmal* und loche mit einem Nagel. Was bemerkst du? 2 · **1** = __

Rechne diese Aufgaben durch Lochen:

2 · **3** = ____	2 · **6** = ____	2 · **4** = ____	2 · **7** = ____
2 · **5** = ____	2 · **8** = ____	2 · **9** = ____	2 · **2** = ____

b) Falte *zweimal* und loche mit einem Nagel. Was bemerkst du?

____

Rechne diese Aufgaben durch Lochen:

4 · **2** = ____	4 · **6** = ____	4 · **4** = ____	4 · **7** = ____
4 · **5** = ____	4 · **3** = ____	4 · **8** = ____	4 · **9** = ____

c) Was passiert, wenn du *dreimal* faltest und dann lochst?

____

E37 (Station B: Spiegeln mit Fünfer- und Zehnerstange (2er))

Nimm dir Würfel und Fünferstangen. Rechne mit dem Spiegel.

2 · **3** = ____	2 · **6** = ____	2 · **4** = ____	2 · **7** = ____
2 · **5** = ____	2 · **9** = ____	2 · **8** = ____	2 · **4** = ____

Nimm dir Würfel, Fünfer- und Zehnerstangen. Rechne mit dem Spiegel.

2 · **13** = ____	2 · **11** = ____	2 · **12** = ____	2 · **15** = ____
2 · **14** = ____	2 · **16** = ____	2 · **18** = ____	2 · **17** = ____

E38 (Station C: Rechnen mit der Lösungstabelle)

Löse diese Aufgaben mit deiner Lösungstabelle.

a)	b)	c)	d)
3 · 6 = ____	4 · 4 = ____	12 : 3 = ____	12 : 4 = ____
6 · 7 = ____	5 · 5 = ____	18 : 3 = ____	24 : 4 = ____
4 · 8 = ____	6 · 6 = ____	27 : 3 = ____	32 : 4 = ____
4 · 7 = ____	7 · 7 = ____	15 : 3 = ____	16 : 4 = ____
4 · 9 = ____	8 · 8 = ____	24 : 3 = ____	28 : 4 = ____
6 · 8 = ____	9 · 9 = ____	21 : 3 = ____	36 : 4 = ____

E39 (Station D: mit Münzen multiplizieren (5er))

Nimm dir 5-Cent-Münzen. Lege und rechne.

1 · 5 = ____ 3 · 5 = ____ 5 · 5 = ____ 7 · 5 = ____ 9 · 5 = ____

2 · 5 = ____ 4 · 5 = ____ 6 · 5 = ____ 8 · 5 = ____ 10 · 5 = ____

Was fällt dir auf?

____

____

E40 (Station E: Mit Münzen dividieren (5er))

Lege und rechne. Wie viele Münzen brauchst du?

15 : 5 = ____ 5 : 5 = ____ 35 : 5 = ____ 25 : 5 = ____ 45 : 5 = ____

10 : 5 = ____ 30 : 5 = ____ 50 : 5 = ____ 40 : 5 = ____ 20 : 5 = ____

Was fällt dir auf?

____

____

E41 (Station F: Halbieren mit Fünferstangen (2er))

Nimm dir Würfel und Fünferstangen. Lege und halbiere.

8 : 2 = __ 4 : 2 = __ 6 : 2 = __ 2 : 2 = __ 10 : 2 = __ 0 : 2 = __

18 : 2 = __ 14 : 2 = __ 16 : 2 = __ 12 : 2 = __ 20 : 2 = __ 22 : 2 = __

Nimm dir Würfel und Fünferstangen. Lege und halbiere so weit wie möglich. Schreibe die Lösung mit Rest auf.

11 : 2 = __ Rest __ 9 : 2 = __ Rest __ 17 : 2 = __ Rest __

7 : 2 = __ Rest __ 12 : 2 = __ Rest __ 15 : 2 = __ Rest __

E42 (Station G: SpielMAL (2er, 5er, 10er))

Spiele mit einem Partner SpielMal.

Wer die Lösung zuerst weiß, bekommt die Karte.

E43 (Station H: Aufteilen und Verteilen (2er, 4er, 5er, 10er))

1. In einem Korb sind 20 Würfel. Lege sie in Gruppen zusammen. Wie oft geht das? Schreibe die Division.

   Immer 2 20 : 2 = ____ Immer 5 ____________

   Immer 4 20 : __ = ____ Immer 10 ____________

2. Mache das Gleiche mit 12 Würfeln. Schreibe die Rechnungen auf.

   Immer 2 ____________ Immer 3 ____________

   Immer 4 ____________ Immer 6 ____________

3. Fällt dir etwas auf? ________________________________

E44 (Station I: Rechne am Hunderterfeld (2er, 4er))

1. 3 · 2 = ____ 2 · 2 = ____ 4 · 2 = ____ 1 · 2 = ____ 5 · 2 = ____
   8 · 2 = ____ 7 · 2 = ____ 9 · 2 = ____ 6 · 2 = ____ 10 · 2 = ____

2. 3 · 4 = ____ 2 · 4 = ____ 4 · 4 = ____ 1 · 4 = ____ 5 · 4 = ____
   8 · 4 = ____ 7 · 4 = ____ 9 · 4 = ____ 6 · 4 = ____ 10 · 4 = ____

E45 (Stationen-Training)

Laufzettel von: ______________________________

Erledigte Stationen											
A	B	C	D	E	F	G	H	I			

E45 (Stationen-Training)

Laufzettel von: ______________________________

Erledigte Stationen											
A	B	C	D	E	F	G	H	I			

E46 (3er-Reihe anschaulich üben)

3er-Reihe mit Hunderterfeld und Winkel

A	Nutze **5** · 3	1 · 3 = ____	3 · 3 = ____	2 · 3 = ____	4 · 3 = ____
		6 · 3 = ____	8 · 3 = ____	7 · 3 = ____	9 · 3 = ____
B	Nutze · **2/2** ·	8 · 2 = ____	6 · 2 = ____	9 · 2 = ____	7 · 2 = ____
	und einmal mehr	8 · 3 = ____	6 · 3 = ____	9 · 3 = ____	7 · 3 = ____

Wie kannst du es dir besser merken?

☐ **A** ☐ **B**

E47 (4er-Reihe anschaulich üben)

4er-Reihe mit Hunderterfeld und Winkel

A	Nutze **5** · 4	1 · 4 = ____	3 · 4 = ____	2 · 4 = ____	4 · 4 = ____
		6 · 4 = ____	8 · 4 = ____	7 · 4 = ____	9 · 4 = ____
B	Nutze · **2/2** ·	8 · 2 = ____	6 · 2 = ____	9 · 2 = ____	7 · 2 = ____
	zweimal doppelt	8 · 4 = ____	6 · 4 = ____	9 · 4 = ____	7 · 4 = ____

Wie kannst du es dir besser merken?

☐ **A** ☐ **B**

E48 (3er: Teilen mit Rest)

7 : 3 = ______	13 : 3 = ______	14 : 3 = ______
8 : 3 = ______	12 : 3 = ______	15 : 3 = ______
9 : 3 = ______	2 : 3 = ______	17 : 3 = ______
11 : 3 = ______	16 : 3 = ______	18 : 3 = ______
27 : 3 = ______	21 : 3 = ______	5 : 3 = ______
26 : 3 = ______	22 : 3 = ______	29 : 3 = ______
25 : 3 = ______	19 : 3 = ______	1 : 3 = ______
28 : 3 = ______	23 : 3 = ______	24 : 3 = ______

Welche Reste kommen vor?

____

E49 (4er: Teilen mit Rest)

7 : 4 = ______	21 : 4 = ______	24 : 4 = ______
10 : 4 = ______	20 : 4 = ______	26 : 4 = ______
16 : 4 = ______	19 : 4 = ______	27 : 4 = ______
18 : 4 = ______	3 : 4 = ______	28 : 4 = ______
30 : 4 = ______	35 : 4 = ______	25 : 4 = ______
31 : 4 = ______	39 : 4 = ______	1 : 4 = ______
32 : 4 = ______	36 : 4 = ______	29 : 4 = ______
33 : 4 = ______	37 : 4 = ______	42 : 4 = ______

Welche Reste kommen vor?

____

E50 (2er- und 4er-Reihe)

•	3	5	7	4	0	6	1	10	9	2	8
2											
4											

____ · 2 = 10   12 = ____ · 2   2 · ____ = 18   2 = ____ · 2   ____ · 2 = 6

____ · 2 = 14   2 · ____ = 0   2 · ____ = 8   16 = ____ · 2   ____ · 2 = 20

____ · 4 = 12   8 = ____ · 4   4 · ____ = 24   36 = ____ · 4   ____ · 4 = 28

____ · 4 = 20   0 = ____ · 4   4 · ____ = 40   32 = ____ · 4   ____ · 4 = 12

20 : 2 = ____   8 : 2 = ____   16 : 2 = ____   14 : 2 = ____   16 : 2 = ____

20 : 4 = ____   8 : 4 = ____   16 : 4 = ____   28 : 4 = ____   32 : 4 = ____

E51 (Mehr als zehnmal: Großes Einmaleins)

1. Lege und rechne.

   14 · 2 = ____   13 · 3 = ____   3 · 15 = ____

2. Rechne wie im Beispiel:

   Beispiel: 3 · 14 = 30 + 12 = 42

   3 · 16 = ____ + ____ = ____   12 · 7 = ____ + ____ = ____

   5 · 13 = ____ + ____ = ____   13 · 6 = ____ + ____ = ____

3. Rechne diese Aufgaben genauso in deinem Heft.

   a) 8 · 11 = / 4 · 15 = / 2 · 18 = / 7 · 12 = / 9 · 11 =

   b) 12 · 6 = / 15 · 5 = / 17 · 2 = / 13 · 4 = / 18 · 5 =

E52 (Tabellen zur 2er-, 3er-, 4er-, 5er-, 10er-Reihe)

•	10	5	2	4	3
4					
6					
2					
5					
3					

•	3	9	6	8
4				
10				
5				
3				
2				

•	12	15	13	17	11	19	14	18	20
5									
2									
4									
3									

E53 (9er-Reihe)

1. 9er-Reihe und Zehnerpartner

6 · 9 Zehnerpartner der _6_ ist _4_ Keine _60_, nur _50_, also _54_

9 · 9 Zehnerpartner der __ ist __ Keine ____, nur ____, also ____

5 · 9 Zehnerpartner der __ ist __ Keine ____, nur ____, also ____

3 · 9 Zehnerpartner der __ ist __ Keine ____, nur ____, also ____

8 · 9 Zehnerpartner der __ ist __ Keine ____, nur ____, also ____

4 · 9 Zehnerpartner der __ ist __ Keine ____, nur ____, also ____

7 · 9 Zehnerpartner der __ ist __ Keine ____, nur ____, also ____

2 · 9 Zehnerpartner der __ ist __ Keine ____, nur ____, also ____

2. Schreibe die 9er-Reihe auf.

____ ____ ____ ____ ____ ____ ____ ____ ____ ____ ____

Zähle bei den Zahlen der 9er-Reihe die beiden Ziffern zusammen.

E54 (Tabellen zur 2er-, 3er-, 4er-, 5er-, 9er-Reihe)

•	4	2	5	9	3
4					
6					
2					
5					
3					

•	2	9	7	6
5				
9				
2				
4				
3				

•	12	15	13	17	11	19	14	18	20
3									
4									
2									
5									

E55 (Große Aufgaben im Einmaleins)

1. Große Aufgaben mit der 9 (Denke an die Partnerregel!)

   6 · 9 = ____   9 · 9 = ____   9 · 7 = ____   8 · 9 = ____

   7 · 9 = ____   9 · 8 = ____   9 · 6 = ____   7 · 9 = ____

2. Große Quadratzahlen

   6 · 6 = ____   7 · 7 = ____   8 · 8 = ____   9 · 9 = ____

3. Was noch bleibt

   6 · 7 = ____   6 · 8 = ____   7 · 8 = ____

   7 · 6 = ____   8 · 6 = ____   8 · 7 = ____

E56 (Große Aufgaben im Einmaleins – gemischt)

Multipliziere.

6 · 8 = ____ 8 · 6 = ____ 9 · 7 = ____ 8 · 8 = ____

7 · 9 = ____ 7 · 8 = ____ 6 · 6 = ____ 6 · 7 = ____

9 · 9 = ____ 9 · 6 = ____ 8 · 7 = ____ 8 · 9 = ____

7 · 7 = ____ 9 · 8 = ____ 6 · 9 = ____ 9 · 6 = ____

Dividiere.

48 : 8 = ____ 72 : 8 = ____ 36 : 6 = ____ 54 : 6 = ____

49 : 7 = ____ 54 : 6 = ____ 56 : 7 = ____ 64 : 8 = ____

81 : 9 = ____ 56 : 8 = ____ 63 : 7 = ____ 63 : 7 = ____

63 : 9 = ____ 48 : 6 = ____ 54 : 9 = ____ 72 : 9 = ____

E57 (Tabellen zu allen Reihen)

•	3	5	2	4	9
2					
6					
4					
10					
8					

•	7	9	6	4
3				
9				
8				
6				
7				

Für Rechenprofis

•	12	15	13	17	11	19	14	18	20
6									
9									
7									
8									

E58 (10-Minuten-Training)

5 · 10 = ___	100 : 10 = ___	___ · 10 = 30	4 · 5 = ___	40 : 5 = ___	___ · 5 = 5
8 · 10 = ___	70 : 10 = ___	___ · 10 = 50	7 · 5 = ___	30 : 5 = ___	___ · 5 = 20
6 · 10 = ___	0 : 10 = ___	___ · 10 = 10	3 · 5 = ___	15 : 5 = ___	___ · 5 = 40
0 · 10 = ___	20 : 10 = ___	___ · 10 = 60	8 · 5 = ___	50 : 5 = ___	___ · 5 = 35
9 · 10 = ___	40 : 10 = ___	___ · 10 = 0	5 · 5 = ___	20 : 5 = ___	___ · 5 = 15
3 · 10 = ___	90 : 10 = ___	___ · 10 = 100	9 · 5 = ___	35 : 5 = ___	___ · 5 = 25
1 · 10 = ___	10 : 10 = ___	___ · 10 = 70	2 · 5 = ___	10 : 5 = ___	___ · 5 = 50
7 · 10 = ___	60 : 10 = ___	___ · 10 = 90	0 · 5 = ___	45 : 5 = ___	___ · 5 = 45
2 · 10 = ___	80 : 10 = ___	___ · 10 = 40	6 · 5 = ___	5 : 5 = ___	___ · 5 = 30

3 · 2 = ___	14 : 2 = ___	___ · 2 = 10	9 · 3 = ___	21 : 3 = ___	___ · 3 = 15
7 · 2 = ___	10 : 2 = ___	___ · 2 = 16	4 · 3 = ___	12 : 3 = ___	___ · 3 = 6
6 · 2 = ___	12 : 2 = ___	___ · 2 = 4	7 · 3 = ___	30 : 3 = ___	___ · 3 = 12
9 · 2 = ___	18 : 2 = ___	___ · 2 = 18	10 · 3 = ___	0 : 3 = ___	___ · 3 = 0
10 · 2 = ___	6 : 2 = ___	___ · 2 = 12	6 · 3 = ___	15 : 3 = ___	___ · 3 = 24
4 · 2 = ___	20 : 2 = ___	___ · 2 = 20	3 · 3 = ___	27 : 3 = ___	___ · 3 = 9
5 · 2 = ___	4 : 2 = ___	___ · 2 = 2	8 · 3 = ___	9 : 3 = ___	___ · 3 = 18
8 · 2 = ___	16 : 2 = ___	___ · 2 = 14	5 · 3 = ___	18 : 3 = ___	___ · 3 = 27
0 · 2 = ___	2 : 2 = ___	___ · 2 = 0	2 · 3 = ___	24 : 3 = ___	___ · 3 = 3

6 · 4 = ___	32 : 4 = ___	___ · 4 = 16	5 · 9 = ___	27 : 9 = ___	___ · 9 = 54
9 · 4 = ___	16 : 4 = ___	___ · 4 = 8	8 · 9 = ___	45 : 9 = ___	___ · 9 = 36
2 · 4 = ___	24 : 4 = ___	___ · 4 = 20	2 · 9 = ___	81 : 9 = ___	___ · 9 = 18
8 · 4 = ___	40 : 4 = ___	___ · 4 = 36	9 · 9 = ___	36 : 9 = ___	___ · 9 = 72
3 · 4 = ___	8 : 4 = ___	___ · 4 = 0	1 · 9 = ___	54 : 9 = ___	___ · 9 = 45
5 · 4 = ___	28 : 4 = ___	___ · 4 = 24	3 · 9 = ___	18 : 9 = ___	___ · 9 = 63
4 · 4 = ___	12 : 4 = ___	___ · 4 = 12	6 · 9 = ___	9 : 9 = ___	___ · 9 = 0
7 · 4 = ___	36 : 4 = ___	___ · 4 = 32	4 · 9 = ___	72 : 9 = ___	___ · 9 = 27
10 · 4 = ___	4 : 4 = ___	___ · 4 = 28	7 · 9 = ___	63 : 9 = ___	___ · 9 = 81

E59 (1×1-Training)

Lass dich die Reihen abfragen, bei denen du unsicher bist.
Im oberen Block sind die leichten Aufgaben jeder Reihe, unten die schwereren.
Beginne die unteren Aufgaben erst, wenn du die oberen schnell und sicher kannst!

5er-Reihe

2 · 5 = 10	20 : 5 = 4	5 · 5 = 25
5 · 5 = 25	15 : 5 = 3	10 : 5 = 2
3 · 5 = 15	0 : 5 = 0	3 · 5 = 15
0 · 5 = 0	5 : 5 = 1	25 : 5 = 5
4 · 5 = 20	25 : 5 = 5	50 : 5 = 10
7 · 5 = 35	45 : 5 = 9	8 · 5 = 40
9 · 5 = 45	35 : 5 = 7	35 : 5 = 7
8 · 5 = 40	40 : 5 = 8	6 · 5 = 30
6 · 5 = 30	30 : 5 = 6	45 : 5 = 9

3er-Reihe

2 · 3 = 6	12 : 3 = 4	4 · 3 = 12
3 · 3 = 9	9 : 3 = 3	6 : 3 = 2
5 · 3 = 15	0 : 3 = 0	5 · 3 = 15
0 · 3 = 0	3 : 3 = 1	9 : 3 = 3
4 · 3 = 12	15 : 3 = 5	30 : 3 = 10
7 · 3 = 21	27 : 3 = 9	8 · 3 = 24
9 · 3 = 27	21 : 3 = 7	21 : 3 = 7
8 · 3 = 24	24 : 3 = 8	6 · 3 = 18
6 · 3 = 18	18 : 3 = 6	27 : 3 = 9

2er-Reihe

2 · 2 = 4	8 : 2 = 4	2 · 2 = 4
5 · 2 = 10	6 : 2 = 3	6 : 2 = 3
3 · 2 = 6	0 : 2 = 0	3 · 2 = 6
0 · 2 = 0	2 : 2 = 1	10 : 2 = 5
4 · 2 = 8	20 : 2 = 10	20 : 2 = 10
7 · 2 = 14	18 : 2 = 9	8 · 2 = 16
9 · 2 = 18	14 : 2 = 7	14 : 2 = 7
8 · 2 = 16	16 : 2 = 8	6 · 2 = 12
6 · 2 = 12	12 : 2 = 6	18 : 2 = 9

4er-Reihe

2 · 4 = 8	16 : 4 = 4	2 · 4 = 8
5 · 4 = 20	12 : 4 = 3	16 : 4 = 4
4 · 4 = 16	0 : 4 = 0	3 · 4 = 12
0 · 4 = 0	4 : 4 = 1	20 : 4 = 5
3 · 4 = 12	20 : 4 = 5	12 : 4 = 3
7 · 4 = 28	36 : 4 = 9	8 · 4 = 32
9 · 4 = 36	28 : 4 = 7	28 : 4 = 7
8 · 4 = 32	32 : 4 = 8	6 · 4 = 24
6 · 4 = 24	24 : 4 = 6	36 : 4 = 9

9er-Reihe

2 · 9 = 18	36 : 9 = 4	4 · 9 = 36
5 · 9 = 45	27 : 9 = 3	27 : 9 = 3
3 · 9 = 27	0 : 9 = 0	3 · 9 = 27
0 · 9 = 0	90 : 9 = 10	45 : 9 = 5
4 · 9 = 36	9 : 9 = 1	90 : 9 = 10
7 · 9 = 63	81 : 9 = 9	8 · 9 = 72
9 · 9 = 81	63 : 9 = 7	63 : 9 = 7
8 · 9 = 72	72 : 9 = 8	6 · 9 = 54
6 · 9 = 54	54 : 9 = 6	81 : 9 = 9

große Aufgaben

6 · 6 = 36	54 : 6 = 9	7 · 8 = 56
8 · 7 = 56	56 : 8 = 7	49 : 7 = 7
7 · 6 = 42	81 : 9 = 9	7 · 7 = 49
6 · 9 = 54	72 : 9 = 8	48 : 8 = 6
7 · 8 = 56	48 : 8 = 6	8 · 6 = 48
9 · 8 = 72	42 : 6 = 7	36 : 6 = 6
9 · 7 = 63	54 : 6 = 9	42 : 6 = 7
8 · 6 = 48	36 : 6 = 6	7 · 7 = 49
7 · 7 = 49	49 : 7 = 7	72 : 8 = 9

E60 (Gemischte Textaufgaben)

Kreuze an, wie du rechnen musst.
(Wenn du unsicher bist, mache dir vorher eine Zeichnung.)

Nr.	Text	+	–	•	:	Lösung
1	Kurt, Franzi und Karim teilen sich 24 Sticker. Wie viele bekommt jeder?					
2	Werner hat 5 Euro im Portemonnaie. Er kauft sich ein Eis für 1,20 Euro. Wie viel Geld hat er übrig?					
3	Wie viele Eier sind in 5 Eierkartons mit je 6 Eiern?					
4	Wie viele 5-Cent-Münzen ergeben 35 Cent?					
5	Was ist die Hälfte von 24?					
6	Olga kauft ein Brot für 1,85 € und einen Joghurt für 0,49 €. Was muss sie bezahlen?					
7	Beim Supermarkt sind 45 Orangen in Netzen zu je 5 Stück verpackt. Wie viele Netze liegen da?					
8	Wie viele Beine haben 8 Hühner?					
9	In einer Tüte sind 60 Gummibärchen. Wie viele bekommt jeder, wenn sich 6 Kinder diese Gummibärchen teilen?					
10	Wie viele Beine laufen bei einem Fußballspiel auf dem Feld herum?					
11	Wie viele Finger haben die Spieler von einer Fußball-Mannschaft?					
12	Anne hat 65,50 € auf dem Konto. Sie kauft sich ein T-Shirt für 11 €. Wie viel Geld hat sie übrig?					
13	Der Geburtstagskuchen ist in 12 Teile geschnitten. Wie viel Stück kann jeder essen, wenn 5 Kinder zu Besuch gekommen sind?					
14	Die Deutschstunde dauert noch 45 Minuten. Danach sind 20 Minuten Frühstückspause. Wie lange dauert es noch bis zur Hofpause?					
15	Wie viel mal 5 Minuten sind eine halbe Stunde?					
16	Wie viele Beine haben 11 Kühe?					
17	Achmed verschenkt die 35 Bilder von seinem Sammelalbum. Kann er sie an 10 Kinder verschenken, so dass das gerecht ist?					
18	Wie viele Bilder bekommt jedes Kind, wenn Achmed seine Bilder gleichmäßig an 5 Kinder verschenkt?					
19	Wie viele Beine haben 5 Spinnen?					
20	Wie viele Beine haben 5 Bienen?					

© AOL-Verlag

E61 (Einmaleins-Sterne I)

Verbinde die Folge der Einerstellen (z. B. **0**, **4**, **8**, 12, **16**, 20, **24** ...).

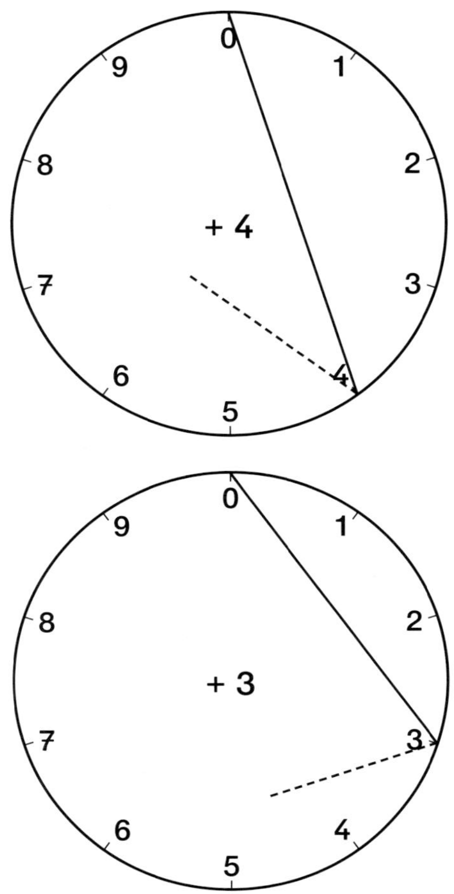

E62 (Einmaleins-Sterne II)

Wähle zwei weitere Reihen. Verbinde die Folge der Einerstellen. Was fällt dir auf?

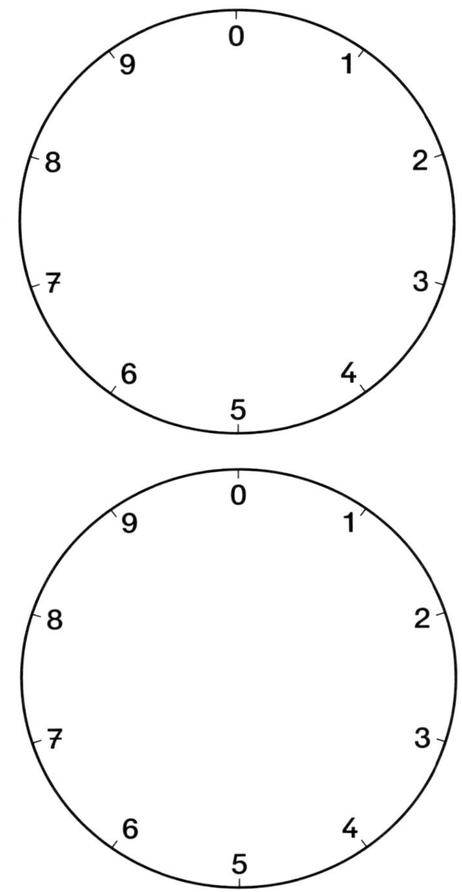

E63 (2er-Reihe – kreuz und quer)

1. Rechne.

3 · 2 = ___	4 · 2 = ___	1 · 2 = ___	7 · 2 = ___	2 · 2 = ___
0 · 2 = ___	8 · 2 = ___	9 · 2 = ___	6 · 2 = ___	5 · 2 = ___
___ · 2 = 10	___ · 2 = 12	___ · 2 = 16	___ · 2 = 4	___ · 2 = 0
___ · 2 = 20	___ · 2 = 8	___ · 2 = 6	___ · 2 = 14	___ · 2 = 18
2 · ___ = 12	2 · ___ = 10	2 · ___ = 20	2 · ___ = 6	2 · ___ = 14
2 · ___ = 2	2 · ___ = 16	2 · ___ = 4	2 · ___ = 18	2 · ___ = 8

2. Kreise alle 2er-Zahlen ein.

20	17	18	4	7	14	19	11	0	5
2	10	15	6	9	12	16	8	3	1

3. Teile.

20 : 2 = ___	14 : 2 = ___	2 : 2 = ___	6 : 2 = ___	16 : 2 = ___
0 : 2 = ___	8 : 2 = ___	12 : 2 = ___	18 : 2 = ___	10 : 2 = ___

4. Teile mit und ohne Rest.

6 : 2 = ______	2 : 2 = ______	0 : 2 = ______
7 : 2 = ______	4 : 2 = ______	16 : 2 = ______
10 : 2 = ______	1 : 2 = ______	3 : 2 = ______
11 : 2 = ______	9 : 2 = ______	8 : 2 = ______
12 : 2 = ______	13 : 2 = ______	18 : 2 = ______
15 : 2 = ______	5 : 2 = ______	21 : 2 = ______
20 : 2 = ______	19 : 2 = ______	17 : 2 = ______

E64 (3er-Reihe – kreuz und quer)

1. Rechne.

5 · 3 = ___	4 · 3 = ___	3 · 3 = ___	7 · 3 = ___	2 · 3 = ___
0 · 3 = ___	8 · 3 = ___	9 · 3 = ___	6 · 3 = ___	10 · 3 = ___
___ · 3 = 12	___ · 3 = 21	___ · 3 = 18	___ · 3 = 9	___ · 3 = 6
___ · 3 = 24	___ · 3 = 15	___ · 3 = 30	___ · 3 = 27	___ · 3 = 0
3 · ___ = 15	3 · ___ = 27	3 · ___ = 21	3 · ___ = 3	3 · ___ = 9
3 · ___ = 24	3 · ___ = 18	3 · ___ = 0	3 · ___ = 12	3 · ___ = 6

2. Kreise alle 3er-Zahlen ein.

25	10	12	18	23	24	7	0	28	15	20
27	6	30	21	14	5	3	8	17	9	13

3. Teile.

24 : 3 = ___	9 : 3 = ___	15 : 3 = ___	27 : 3 = ___	12 : 3 = ___
6 : 3 = ___	0 : 3 = ___	21 : 3 = ___	18 : 3 = ___	30 : 3 = ___

4. Teile mit und ohne Rest.

7 : 3 = ______	3 : 3 = ______	19 : 3 = ______
8 : 3 = ______	1 : 3 = ______	17 : 3 = ______
9 : 3 = ______	5 : 3 = ______	11 : 3 = ______
12 : 3 = ______	15 : 3 = ______	10 : 3 = ______
14 : 3 = ______	25 : 3 = ______	26 : 3 = ______
16 : 3 = ______	24 : 3 = ______	27 : 3 = ______
18 : 3 = ______	22 : 3 = ______	29 : 3 = ______
20 : 3 = ______	21 : 3 = ______	2 : 3 = ______

E65 (4er-Reihe – kreuz und quer)

1. Rechne.

5 · 4 = ___ 4 · 4 = ___ 3 · 4 = ___ 7 · 4 = ___ 2 · 4 = ___

0 · 4 = ___ 8 · 4 = ___ 9 · 4 = ___ 6 · 4 = ___ 10 · 4 = ___

___ · 4 = 12 ___ · 4 = 20 ___ · 4 = 16 ___ · 4 = 8 ___ · 4 = 4

___ · 4 = 24 ___ · 4 = 32 ___ · 4 = 40 ___ · 4 = 28 ___ · 4 = 0

4 · ___ = 16 4 · ___ = 32 4 · ___ = 12 4 · ___ = 36 4 · ___ = 8

4 · ___ = 24 4 · ___ = 20 4 · ___ = 40 4 · ___ = 28 4 · ___ = 0

2. Kreise alle 4er-Zahlen ein.

25 16 12 18 35 24 7 12 28 15 0 4

20 27 32 26 21 36 5 40 3 8 17 9

3. Teile.

24 : 4 = ___ 16 : 4 = ___ 28 : 4 = ___ 20 : 4 = ___ 32 : 4 = ___

8 : 4 = ___ 0 : 4 = ___ 12 : 4 = ___ 36 : 4 = ___ 4 : 4 = ___

4. Teile mit und ohne Rest.

16 : 4 = ______ 9 : 4 = ______ 12 : 4 = ______

19 : 4 = ______ 5 : 4 = ______ 15 : 4 = ______

20 : 4 = ______ 2 : 4 = ______ 17 : 4 = ______

23 : 4 = ______ 40 : 4 = ______ 29 : 4 = ______

28 : 4 = ______ 38 : 4 = ______ 28 : 4 = ______

30 : 4 = ______ 35 : 4 = ______ 27 : 4 = ______

33 : 4 = ______ 32 : 4 = ______ 3 : 4 = ______

36 : 4 = ______ 31 : 4 = ______ 1 : 4 = ______

© AOL-Verlag

E66 (5er-Reihe – kreuz und quer)

1. Rechne.

3 · 5 = ___ 4 · 5 = ___ 1 · 5 = ___ 7 · 5 = ___ 2 · 5 = ___

0 · 5 = ___ 8 · 5 = ___ 9 · 5 = ___ 6 · 5 = ___ 5 · 5 = ___

___ · 5 = 10 ___ · 5 = 25 ___ · 5 = 35 ___ · 5 = 40 ___ · 5 = 0

___ · 5 = 50 ___ · 5 = 20 ___ · 5 = 5 ___ · 5 = 15 ___ · 5 = 30

5 · ___ = 30 5 · ___ = 35 5 · ___ = 40 5 · ___ = 5 5 · ___ = 20

5 · ___ = 25 5 · ___ = 45 5 · ___ = 0 5 · ___ = 15 5 · ___ = 10

2. Kreise alle 5er-Zahlen ein.

50 17 20 28 45 24 36 15 0 40

5 14 35 47 10 18 25 8 30 27

3. Teile.

20 : 5 = ___ 15 : 5 = ___ 30 : 5 = ___ 50 : 5 = ___ 40 : 5 = ___

0 : 5 = ___ 25 : 5 = ___ 35 : 5 = ___ 45 : 5 = ___ 10 : 5 = ___

4. Teile mit und ohne Rest.

6 : 5 = ______ 5 : 5 = ______ 34 : 5 = ______

8 : 5 = ______ 4 : 5 = ______ 35 : 5 = ______

10 : 5 = ______ 50 : 5 = ______ 36 : 5 = ______

12 : 5 = ______ 47 : 5 = ______ 38 : 5 = ______

15 : 5 = ______ 45 : 5 = ______ 23 : 5 = ______

18 : 5 = ______ 44 : 5 = ______ 29 : 5 = ______

20 : 5 = ______ 42 : 5 = ______ 2 : 5 = ______

25 : 5 = ______ 40 : 5 = ______ 51 : 5 = ______

E67 (6er-Reihe – kreuz und quer)

1. Rechne.

5 · 6 = ___   3 · 6 = ___   1 · 6 = ___   4 · 6 = ___   2 · 6 = ___

0 · 6 = ___   8 · 6 = ___   6 · 6 = ___   9 · 6 = ___   7 · 6 = ___

___ · 6 = 18   ___ · 6 = 54   ___ · 6 = 24   ___ · 6 = 12   ___ · 6 = 6

___ · 6 = 36   ___ · 6 = 48   ___ · 6 = 0   ___ · 6 = 42   ___ · 6 = 30

6 · ___ = 12   6 · ___ = 36   6 · ___ = 42   6 · ___ = 18   6 · ___ = 0

6 · ___ = 54   6 · ___ = 48   6 · ___ = 24   6 · ___ = 30   6 · ___ = 60

2. Kreise alle 6er-Zahlen ein.

25   18   32   48   12   54   7   30   27   15   60   0

83   27   24   26   42   63   40   54   81   36   6   46

3. Teile.

24 : 6 = ___   36 : 6 = ___   54 : 6 = ___   30 : 6 = ___   18 : 6 = ___

6 : 6 = ___   0 : 6 = ___   48 : 6 = ___   12 : 6 = ___   42 : 6 = ___

4. Teile mit und ohne Rest.

10 : 6 = ______   6 : 6 = ______   64 : 6 = ______

12 : 6 = ______   4 : 6 = ______   58 : 6 = ______

16 : 6 = ______   35 : 6 = ______   54 : 6 = ______

18 : 6 = ______   40 : 6 = ______   50 : 6 = ______

23 : 6 = ______   41 : 6 = ______   45 : 6 = ______

25 : 6 = ______   42 : 6 = ______   33 : 6 = ______

28 : 6 = ______   50 : 6 = ______   5 : 6 = ______

30 : 6 = ______   60 : 6 = ______   15 : 6 = ______

E68 (7er-Reihe – kreuz und quer)

1. Rechne.

5 · 7 = ___ 3 · 7 = ___ 1 · 7 = ___ 4 · 7 = ___ 2 · 7 = ___

0 · 7 = ___ 8 · 7 = ___ 6 · 7 = ___ 7 · 7 = ___ 9 · 7 = ___

___ · 7 = 21 ___ · 7 = 14 ___ · 7 = 42 ___ · 7 = 63 ___ · 7 = 7

___ · 7 = 35 ___ · 7 = 49 ___ · 7 = 56 ___ · 7 = 28 ___ · 7 = 70

7 · ___ = 14 7 · ___ = 35 7 · ___ = 42 7 · ___ = 49 7 · ___ = 0

7 · ___ = 56 7 · ___ = 63 7 · ___ = 28 7 · ___ = 21 7 · ___ = 7

2. Kreise alle 7er-Zahlen ein.

21 48 32 56 14 54 67 30 28 55 70 18

35 27 24 36 42 63 34 54 49 37 7 0

3. Teile.

28 : 7 = ___ 35 : 7 = ___ 56 : 7 = ___ 42 : 7 = ___ 63 : 7 = ___

7 : 7 = ___ 49 : 7 = ___ 0 : 7 = ___ 14 : 7 = ___ 21 : 7 = ___

4. Teile mit und ohne Rest.

8 : 7 = ______ 7 : 7 = ______ 54 : 7 = ______

12 : 7 = ______ 4 : 7 = ______ 57 : 7 = ______

14 : 7 = ______ 35 : 7 = ______ 75 : 7 = ______

18 : 7 = ______ 32 : 7 = ______ 68 : 7 = ______

22 : 7 = ______ 40 : 7 = ______ 63 : 7 = ______

23 : 7 = ______ 42 : 7 = ______ 65 : 7 = ______

25 : 7 = ______ 45 : 7 = ______ 5 : 7 = ______

29 : 7 = ______ 50 : 7 = ______ 48 : 7 = ______

E69 (8er-Reihe – kreuz und quer)

1. Rechne.

5 · 8 = ___ 3 · 8 = ___ 1 · 8 = ___ 4 · 8 = ___ 2 · 8 = ___

0 · 8 = ___ 6 · 8 = ___ 9 · 8 = ___ 8 · 8 = ___ 7 · 8 = ___

___ · 8 = 24 ___ · 8 = 16 ___ · 8 = 64 ___ · 8 = 32 ___ · 8 = 8

___ · 8 = 40 ___ · 8 = 48 ___ · 8 = 56 ___ · 8 = 72 ___ · 8 = 0

8 · ___ = 72 8 · ___ = 32 8 · ___ = 80 8 · ___ = 16 8 · ___ = 40

8 · ___ = 56 8 · ___ = 48 8 · ___ = 24 8 · ___ = 64 8 · ___ = 8

2. Kreise alle 8er-Zahlen ein.

25 18 32 48 12 0 32 72 30 56 15 64

16 27 42 28 24 83 40 54 80 38 8 68

3. Teile.

64 : 8 = ___ 32 : 8 = ___ 56 : 8 = ___ 0 : 8 = ___ 24 : 8 = ___

8 : 8 = ___ 40 : 8 = ___ 48 : 8 = ___ 16 : 8 = ___ 72 : 8 = ___

4. Teile mit und ohne Rest.

10 : 8 = ______ 8 : 8 = ______ 54 : 8 = ______

12 : 8 = ______ 4 : 8 = ______ 58 : 8 = ______

15 : 8 = ______ 72 : 8 = ______ 85 : 8 = ______

16 : 8 = ______ 70 : 8 = ______ 48 : 8 = ______

23 : 8 = ______ 65 : 8 = ______ 45 : 8 = ______

25 : 8 = ______ 64 : 8 = ______ 42 : 8 = ______

30 : 8 = ______ 63 : 8 = ______ 1 : 8 = ______

32 : 8 = ______ 60 : 8 = ______ 27 : 8 = ______

E70 (9er-Reihe – kreuz und quer)

1. Rechne.

5 · 9 = ___	3 · 9 = ___	1 · 9 = ___	4 · 9 = ___	2 · 9 = ___
0 · 9 = ___	8 · 9 = ___	9 · 9 = ___	6 · 9 = ___	7 · 9 = ___
___ · 9 = 27	___ · 9 = 45	___ · 9 = 36	___ · 9 = 81	___ · 9 = 9
___ · 9 = 54	___ · 9 = 72	___ · 9 = 90	___ · 9 = 63	___ · 9 = 0
9 · ___ = 18	9 · ___ = 36	9 · ___ = 72	9 · ___ = 63	9 · ___ = 0
9 · ___ = 45	9 · ___ = 27	9 · ___ = 54	9 · ___ = 81	9 · ___ = 9

2. Kreise alle 9er-Zahlen ein.

25	18	32	48	45	54	7	0	62	29	15	90
83	27	72	26	21	63	40	3	81	36	9	38

3. Teile.

27 : 9 = ___	36 : 9 = ___	54 : 9 = ___	81 : 9 = ___	18 : 9 = ___
45 : 9 = ___	0 : 9 = ___	72 : 9 = ___	63 : 9 = ___	90 : 9 = ___

4. Teile mit und ohne Rest.

10 : 9 = ______	9 : 9 = ______	90 : 9 = ______
15 : 9 = ______	7 : 9 = ______	88 : 9 = ______
18 : 9 = ______	36 : 9 = ______	72 : 9 = ______
20 : 9 = ______	40 : 9 = ______	70 : 9 = ______
24 : 9 = ______	50 : 9 = ______	64 : 9 = ______
27 : 9 = ______	54 : 9 = ______	46 : 9 = ______
28 : 9 = ______	60 : 9 = ______	13 : 9 = ______
30 : 9 = ______	61 : 9 = ______	3 : 9 = ______

E71 (10er-Reihe – kreuz und quer)

1. Rechne.

5 · 10 = ____ 4 · 10 = ____ 10 · 10 = ____ 3 · 10 = ____

0 · 10 = ____ 8 · 10 = ____ 9 · 10 = ____ 6 · 10 = ____

2 · 10 = ____ 7 · 10 = ____ 1 · 10 = ____

____ · 10 = 40 ____ · 10 = 70 ____ · 10 = 20 ____ · 10 = 90

____ · 10 = 0 ____ · 10 = 50 ____ · 10 = 100 ____ · 10 = 10

10 · ____ = 30 10 · ____ = 60 10 · ____ = 80 10 · ____ = 50

10 · ____ = 100 10 · ____ = 40 10 · ____ = 0 10 · ____ = 70

2. Kreise alle 10er-Zahlen ein.

50 17 20 18 40 24 70 12 0 65

100 74 66 60 90 5 10 8 30 80

3. Teile.

20 : 10 = ____ 90 : 10 = ____ 50 : 10 = ____ 10 : 10 = ____

0 : 10 = ____ 100 : 10 = ____ 80 : 10 = ____ 70 : 10 = ____

30 : 10 = ____ 60 : 10 = ____ 40 : 10 = ____

4. Teile mit und ohne Rest.

16 : 10 = ______ 50 : 10 = ______ 104 : 10 = ______

8 : 10 = ______ 51 : 10 = ______ 35 : 10 = ______

32 : 10 = ______ 38 : 10 = ______ 30 : 10 = ______

39 : 10 = ______ 7 : 10 = ______ 48 : 10 = ______

45 : 10 = ______ 70 : 10 = ______ 1 : 10 = ______

60 : 10 = ______ 72 : 10 = ______ 82 : 10 = ______

65 : 10 = ______ 97 : 10 = ______ 0 : 10 = ______

69 : 10 = ______ 100 : 10 = ______ 9 : 10 = ______

© AOL-Verlag

D6 (1×1) Name: ______________ Datum: __________

5 · 10 = ____	100 : 10 = ___	___ · 10 = 30
8 · 10 = ____	70 : 10 = ___	___ · 10 = 80
6 · 10 = ____	0 : 10 = ___	___ · 10 = 10
0 · 10 = ____	20 : 10 = ___	___ · 10 = 60
9 · 10 = ____	50 : 10 = ___	___ · 10 = 0
3 · 10 = ____	40 : 10 = ___	___ · 10 = 100
1 · 10 = ____	10 : 10 = ___	___ · 10 = 70
7 · 10 = ____	60 : 10 = ___	___ · 10 = 90
2 · 10 = ____	80 : 10 = ___	

4 · 5 = ____	40 : 5 = ___	___ · 5 = 0
7 · 5 = ____	30 : 5 = ___	___ · 5 = 20
3 · 5 = ____	15 : 5 = ___	___ · 5 = 40
8 · 5 = ____	50 : 5 = ___	___ · 5 = 35
5 · 5 = ____	25 : 5 = ___	___ · 5 = 15
9 · 5 = ____	35 : 5 = ___	___ · 5 = 25
2 · 5 = ____	5 : 5 = ___	___ · 5 = 50
0 · 5 = ____	45 : 5 = ___	___ · 5 = 45
6 · 5 = ____	20 : 5 = ___	

3 · 2 = ____	14 : 2 = ___	___ · 2 = 10
7 · 2 = ____	10 : 2 = ___	___ · 2 = 16
1 · 2 = ____	12 : 2 = ___	___ · 2 = 4
9 · 2 = ____	18 : 2 = ___	___ · 2 = 18
10 · 2 = ____	6 : 2 = ___	___ · 2 = 12
4 · 2 = ____	20 : 2 = ___	___ · 2 = 20
5 · 2 = ____	4 : 2 = ___	___ · 2 = 8
8 · 2 = ____	16 : 2 = ___	___ · 2 = 14
0 · 2 = ____	2 : 2 = ___	

9 · 3 = ____	21 : 3 = ___	___ · 3 = 15
4 · 3 = ____	12 : 3 = ___	___ · 3 = 6
7 · 3 = ____	30 : 3 = ___	___ · 3 = 12
10 · 3 = ____	0 : 3 = ___	___ · 3 = 0
6 · 3 = ____	15 : 3 = ___	___ · 3 = 24
3 · 3 = ____	27 : 3 = ___	___ · 3 = 9
8 · 3 = ____	9 : 3 = ___	___ · 3 = 18
5 · 3 = ____	18 : 3 = ___	___ · 3 = 27
2 · 3 = ____	24 : 3 = ___	

6 · 4 = ____	32 : 4 = ___	___ · 4 = 16
9 · 4 = ____	16 : 4 = ___	___ · 4 = 8
2 · 4 = ____	24 : 4 = ___	___ · 4 = 20
8 · 4 = ____	40 : 4 = ___	___ · 4 = 36
3 · 4 = ____	8 : 4 = ___	___ · 4 = 0
5 · 4 = ____	28 : 4 = ___	___ · 4 = 24
4 · 4 = ____	12 : 4 = ___	___ · 4 = 12
7 · 4 = ____	36 : 4 = ___	___ · 4 = 32
1 · 4 = ____	20 : 4 = ___	

5 · 9 = ____	63 : 9 = ___	___ · 9 = 54
8 · 9 = ____	45 : 9 = ___	___ · 9 = 36
2 · 9 = ____	81 : 9 = ___	___ · 9 = 18
9 · 9 = ____	36 : 9 = ___	___ · 9 = 72
1 · 9 = ____	54 : 9 = ___	___ · 9 = 45
3 · 9 = ____	18 : 9 = ___	___ · 9 = 63
6 · 9 = ____	9 : 9 = ___	___ · 9 = 0
4 · 9 = ____	72 : 9 = ___	___ · 9 = 27
7 · 9 = ____	27 : 9 = ___	

6 · 7 = ____	9 · 6 = ____	56 : 8 = ___	49 : 7 = ___	___ · 8 = 64	___ · 7 = 56
9 · 8 = ____	7 · 7 = ____	48 : 6 = ___	81 : 9 = ___	___ · 9 = 72	___ · 8 = 56
7 · 8 = ____	8 · 6 = ____	72 : 9 = ___	54 : 6 = ___	___ · 7 = 63	___ · 9 = 81
6 · 6 = ____	9 · 9 = ____	64 : 8 = ___	56 : 7 = ___	___ · 6 = 54	___ · 7 = 49
8 · 7 = ____	8 · 8 = ____	54 : 9 = ___	72 : 8 = ___	___ · 8 = 72	

D6 (1×1) **Lösung**

5 · 10 = **50**	100 : 10 = **10**	**3** · 10 = 30
8 · 10 = **80**	70 : 10 = **7**	**8** · 10 = 80
6 · 10 = **60**	0 : 10 = **0**	**1** · 10 = 10
0 · 10 = **0**	20 : 10 = **2**	**6** · 10 = 60
9 · 10 = **90**	50 : 10 = **5**	**0** · 10 = 0
3 · 10 = **30**	40 : 10 = **4**	**10** · 10 = 100
1 · 10 = **10**	10 : 10 = **1**	**7** · 10 = 70
7 · 10 = **70**	60 : 10 = **6**	**9** · 10 = 90
2 · 10 = **20**	80 : 10 = **8**	

4 · 5 = **20**	40 : 5 = **8**	**0** · 5 = 0
7 · 5 = **35**	30 : 5 = **6**	**4** · 5 = 20
3 · 5 = **15**	15 : 5 = **3**	**8** · 5 = 40
8 · 5 = **40**	50 : 5 = **10**	**7** · 5 = 35
5 · 5 = **25**	25 : 5 = **5**	**3** · 5 = 15
9 · 5 = **45**	35 : 5 = **7**	**5** · 5 = 25
2 · 5 = **10**	5 : 5 = **1**	**10** · 5 = 50
0 · 5 = **0**	45 : 5 = **9**	**9** · 5 = 45
6 · 5 = **30**	20 : 5 = **4**	

3 · 2 = **6**	14 : 2 = **7**	**5** · 2 = 10
7 · 2 = **14**	10 : 2 = **5**	**8** · 2 = 16
1 · 2 = **2**	12 : 2 = **6**	**2** · 2 = 4
9 · 2 = **18**	18 : 2 = **9**	**9** · 2 = 18
10 · 2 = **20**	6 : 2 = **3**	**6** · 2 = 12
4 · 2 = **8**	20 : 2 = **10**	**10** · 2 = 20
5 · 2 = **10**	4 : 2 = **2**	**4** · 2 = 8
8 · 2 = **16**	16 : 2 = **8**	**7** · 2 = 14
0 · 2 = **0**	2 : 2 = **1**	

9 · 3 = **27**	21 : 3 = **7**	**5** · 3 = 15
4 · 3 = **12**	12 : 3 = **4**	**2** · 3 = 6
7 · 3 = **21**	30 : 3 = **10**	**4** · 3 = 12
10 · 3 = **30**	0 : 3 = **0**	**0** · 3 = 0
6 · 3 = **18**	15 : 3 = **5**	**8** · 3 = 24
3 · 3 = **9**	27 : 3 = **9**	**3** · 3 = 9
8 · 3 = **24**	9 : 3 = **3**	**6** · 3 = 18
5 · 3 = **15**	18 : 3 = **6**	**8** · 3 = 27
2 · 3 = **6**	24 : 3 = **8**	

6 · 4 = **24**	32 : 4 = **8**	**4** · 4 = 16
9 · 4 = **36**	16 : 4 = **4**	**2** · 4 = 8
2 · 4 = **8**	24 : 4 = **6**	**5** · 4 = 20
8 · 4 = **32**	40 : 4 = **10**	**9** · 4 = 36
3 · 4 = **12**	8 : 4 = **2**	**0** · 4 = 0
5 · 4 = **20**	28 : 4 = **7**	**6** · 4 = 24
4 · 4 = **16**	12 : 4 = **3**	**3** · 4 = 12
7 · 4 = **28**	36 : 4 = **9**	**8** · 4 = 32
1 · 4 = **4**	20 : 4 = **5**	

5 · 9 = **45**	63 : 9 = **7**	**6** · 9 = 54
8 · 9 = **72**	45 : 9 = **5**	**4** · 9 = 36
2 · 9 = **18**	81 : 9 = **9**	**2** · 9 = 18
9 · 9 = **81**	36 : 9 = **4**	**8** · 9 = 72
1 · 9 = **9**	54 : 9 = **6**	**5** · 9 = 45
3 · 9 = **27**	18 : 9 = **2**	**7** · 9 = 63
6 · 9 = **54**	9 : 9 = **1**	**0** · 9 = 0
4 · 9 = **36**	72 : 9 = **8**	**3** · 9 = 27
7 · 9 = **63**	27 : 9 = **3**	

6 · 7 = **42**	9 · 6 = **54**	56 : 8 = **7**	49 : 7 = **7**	**8** · 8 = 64	**8** · 7 = 56
9 · 8 = **72**	7 · 7 = **49**	48 : 6 = **8**	81 : 9 = **9**	**8** · 9 = 72	**7** · 8 = 56
7 · 8 = **56**	8 · 6 = **48**	72 : 9 = **8**	54 : 6 = **9**	**9** · 7 = 63	**9** · 9 = 81
6 · 6 = **36**	9 · 9 = **81**	64 : 8 = **8**	56 : 7 = **8**	**9** · 6 = 54	**7** · 7 = 49
8 · 7 = **56**	8 · 8 = **64**	54 : 9 = **6**	72 : 8 = **9**	**9** · 8 = 72	

G1 (mit dem Lineal messen)

Miss die Länge der Strecken. Schreibe wie im Beispiel die Lösungen in dein Heft.

Beispiel: 3 cm 4 mm = 3,4 cm

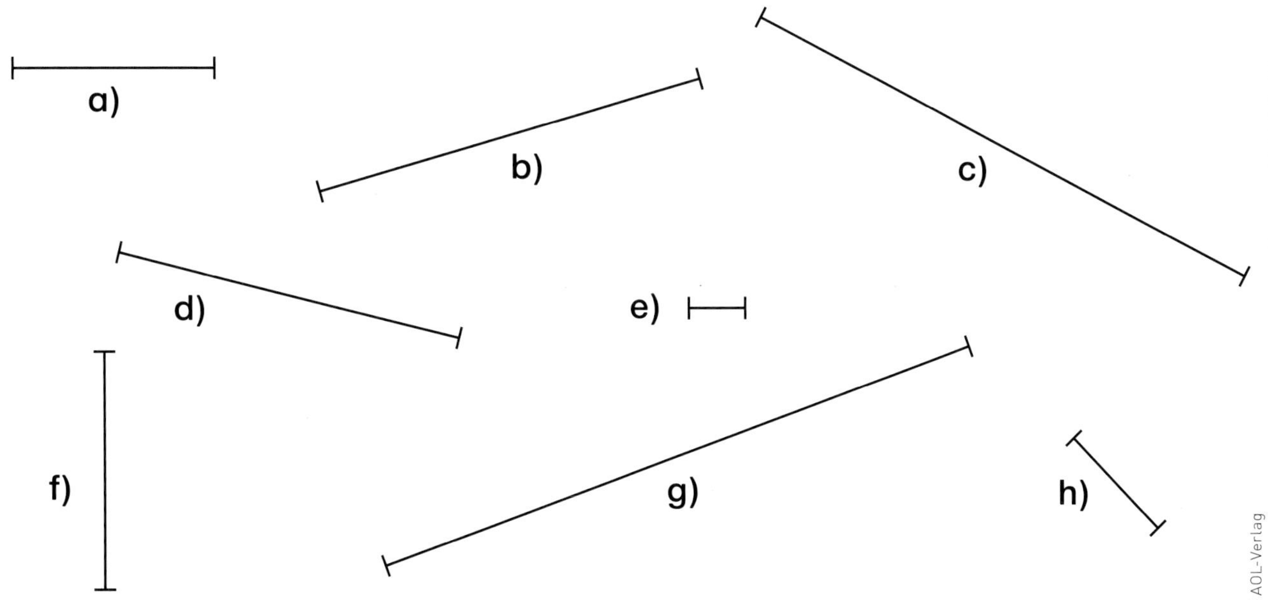

G2 (mit dem Lineal messen)

Miss im Bild.

Wie hoch sind die Fenster? ______

Wie breit ist das Haus? ______

Wie hoch ist der Schornstein? ______

Wie breit ist die Tür? ______

Wie hoch ist der Baum? ______

Wie hoch ist die Wand vom Haus? ______

G3 (Strecken zeichnen)

1. Zeichne mit deinem Lineal Strecken mit folgenden Längen in dein Heft.

   a) 7 cm / 2 cm 5 mm / 6 cm 8 mm / 3 cm 1 mm / 12 cm 7 mm

   b) 4,6 cm / 0,5 cm / 5, 3 cm / 9, 5 cm / 11,8 cm

2. Verbinde die Punkte mit dem Lineal. Miss und beschrifte die Strecken.

3. Zeichne Strecken mit folgenden Längen in dein Heft.
   Benutze jetzt dein Geodreieck. Beginne bei der 0.
   (Wann musst du bei der 7 beginnen?)

   3 cm / 6,5 cm / 0,9 cm / 7,4 cm / 9 cm / 10,5 cm

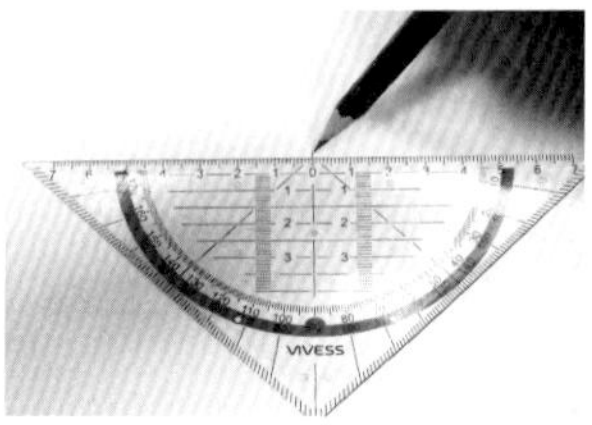

G4 (Rechtecke und Quadrate mit dem Geodreieck)

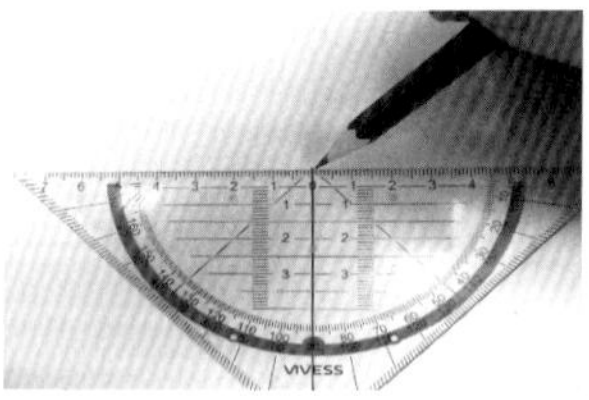

Rechten Winkel am Rechteck zeichnen:
Linie unter die Mittellinie und bei der 0 beginnen

1. Zeichne.
   Rechteck: 4,2 cm × 6,5 cm   Quadrat: 4,5 cm

2. Zeichne diese vier Formen in dein Heft.
   Rechteck: 3,3 cm × 6,0 cm   7,5 cm × 4,2 cm
   Quadrat: 2 cm   3,6 cm

G5 (nach Skizze zeichnen)

Zeichne das Haus mit den angegebenen Längen in dein Heft.

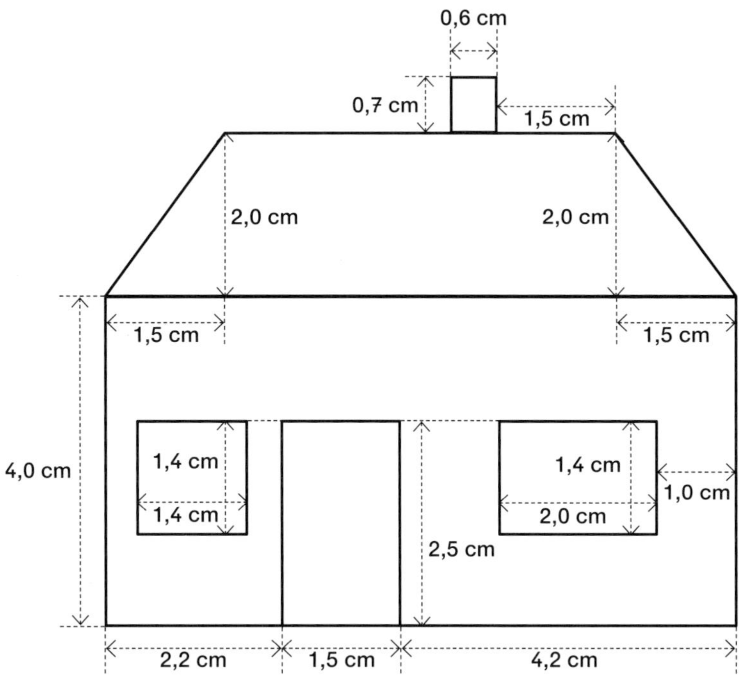

G6 (mit dem Lineal rechnen)

1. Zeichne die eine Linie in rot und die andere in blau.
   Miss das Ergebnis. Ergibt es Sinn?

   2,4 cm + 7 mm = ______

   5,5 cm + 1,5 cm = ______

   6,0 cm + 18 mm = ______

2. Was fehlt hier? (Rechne oder zeichne.)

   3,6 cm + ______ = 4 cm — 5,8 cm + ______ = 6 cm 5 mm

   9,2 cm + ______ = 10 cm — 3,7 cm + ______ = 4 cm 6 mm

   4,4 cm + ______ = 5 cm — 2,8 cm + ______ = 3 cm 9 mm

G7 (Umfang berechnen I)

Umfang berechnen

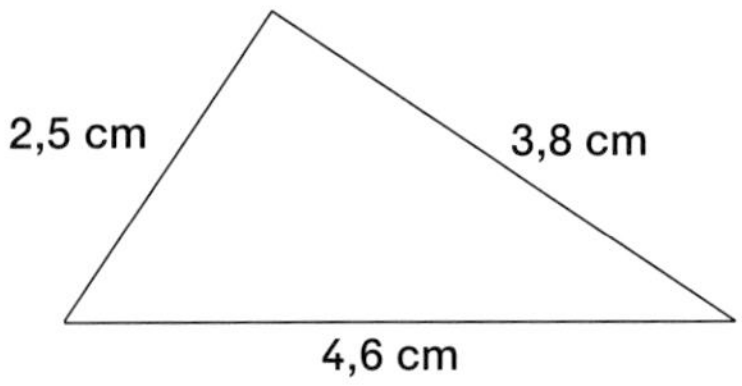

2 cm + 3 cm + 4 cm = 9 cm

5 mm + 8 mm + 6 mm = 19 mm

U = 9 cm 19 mm = 10 cm 9 mm = 10,9 cm

Miss den Umfang der Formen. Schreibe an die Seiten, was du gemessen hast. Berechne den Umfang wie im Beispiel.

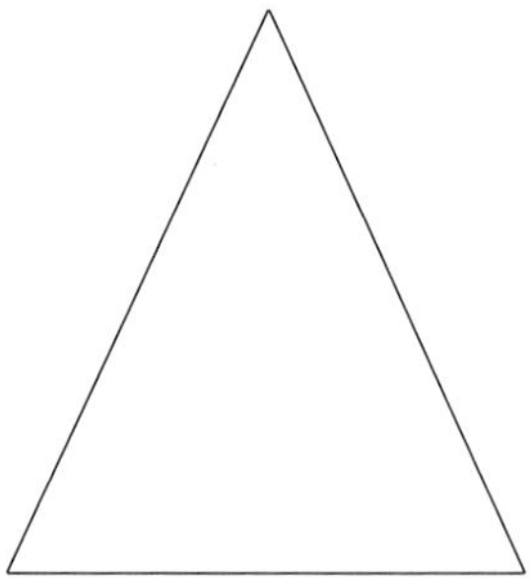

U = ___ cm ___ mm = ___ cm ___ mm
= _____ cm

U = ___ cm ___ mm = ___ cm ___ mm
= _____ cm

G8 (Umfang berechnen II)

1. Miss den Umfang der Formen. Schreibe an die Seiten, was du gemessen hast. Berechne dann den Umfang.

U = ___ cm ___ mm = ___ cm ___ mm
= _____ cm

U = ___ cm ___ mm = ___ cm ___ mm
= _____ cm

2. Welchen Umfang hat ein Blatt Papier in DIN A4.

   kurze Seite: _____ lange Seite: _____

   U = ______________________________

G9 (Umfang berechnen III)

1. Zeichne in dein Heft. Berechne den Umfang.

   A: Rechteck 3 cm × 2,5 cm U = ________

   B: Rechteck 3,7 cm × 4,6 cm U = ________

   C: Rechteck 0,8 cm × 3,3 cm U = ________

   D: Quadrat 3,5 cm U = ________

   E: Quadrat 4,1 cm U = ________

   F: Quadrat 2,4 cm U = ________

2. Suche Rechtecke, die genau 10 cm Umfang haben.
   Zeichne sie in dein Heft und schreibe hier auf, welche du gefunden hast.

   ________ × ________ ________ × ________ ________ × ________

   ________ × ________ ________ × ________ ________ × ________

G10 (Flächen berechnen I)

Wie viele Quadratzentimeter (cm²) verstecken sich?
Zeichne sie ein und schreibe die Rechnung.

1 cm²

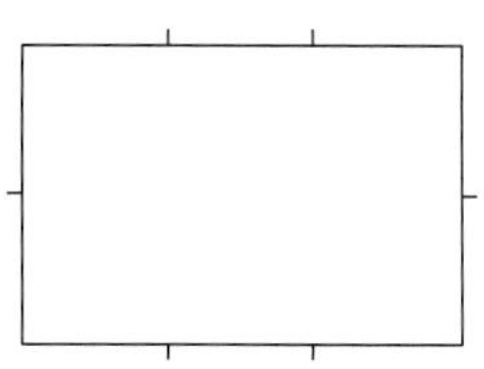

2 cm · 3 cm
= _____ cm²

__ cm · __ cm
= _____ cm²

__ cm · __ cm
= _____ cm²

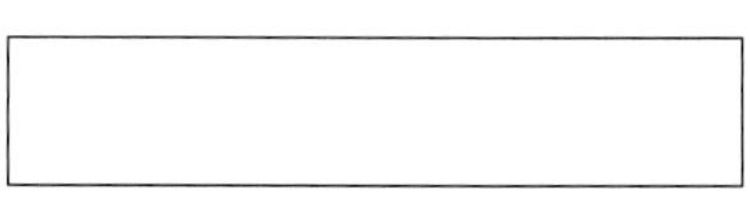

__ cm · __ cm
= _____ cm²

__ cm · __ cm
= _____ cm²

G11 (Flächen berechnen II)

Wie viele Quadratzentimeter (cm²) verstecken sich?

1 cm²

1. Zeichne diese Rechtecke. Rechne aus, wie groß die Fläche ist.

   3 cm × 5 cm / 4 cm × 4 cm / 6 cm × 2 cm / 2 cm × 4 cm / 3 cm × 3 cm

2. Berechne die Flächen der Rechtecke, ohne zu zeichnen.

   5 cm × 5 cm / 9 cm × 2 cm / 6 cm × 5 cm / 4 cm × 3 cm

3. Weißt du, wie viele cm² sich hier verstecken?
   Zeichne sie ein und rechne.

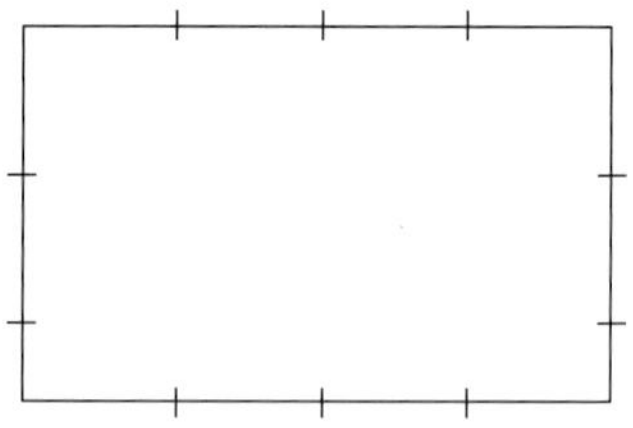

4. Zeichne diese Rechtecke. Rechne aus, wie groß die Fläche ist.

   2 cm × 3,5 cm / 3,5 cm × 4 cm / 6 cm × 1,5 cm / 0,5 cm × 4cm

G12 (Baupläne)

2	2	2	2
2	2	2	2
2	2	2	2

A

3	2	3
3	2	3
3	2	3

B

4	4	4	4
4	4	4	4
4	4	4	4
4	4	4	4

C

4	4	4
4	4	4
4	4	4
4	4	4

D

1. Welche Baupläne gehören zu Quadern oder Würfeln?

   Quader: ____________________ Würfel: ____________________

2. Wie viele Würfel braucht man für die Gebäude?

   A: Rechnung: ____________________________ = ____ Würfel

   B: Rechnung: ____________________________ = ____ Würfel

   C: Rechnung: ____________________________ = ____ Würfel

   D: Rechnung: ____________________________ = ____ Würfel

G13 (Rechnen mit Gebäuden I)

1. Welche der Baupläne gehören zu Quadern oder Würfeln?

A

3	3	3
3	3	3
3	3	3

B

4	4	4	4
3	3	3	3
2	2	2	2

C

2	2	2
2	2	2

D

1	2	3	4
1	2	3	4
1	2	3	4

E

2	2
2	2

Würfel: ____________________ Quader: ____________________

2. Wie viele Würfel haben die Gebäude aus Aufgabe 1.
Schreibe die Rechnungen in dein Heft und berechne.

3. Baue diese Quader. Wie viele Würfel brauchst du?

a) $2 \cdot 3 \cdot 4 =$ ___ b) $5 \cdot 2 \cdot 3 =$ ___

c) $2 \cdot 4 \cdot 3 =$ ___ d) $3 \cdot 3 \cdot 3 =$ ___

G14 (Rechnen mit Gebäuden II)

1. Baue Gebäude A.

A

2	3	4	1
2	3	4	1
2	3	4	1

a) Wie viele Würfel brauchst du?

Antwort: ____________________

b) Wie viele Würfel brauchst du mindestens, um daraus einen Quader zu machen?

Antwort: ____________________

c) Wie viele Würfel brauchst du mindestens, um daraus einen großen Würfel zu machen?

Antwort: ____________________

2. Kannst du bei Bauplan B erkennen, wie viele Würfel fehlen, um einen großen Quader (Würfel) zu bauen?

B

3	2	3
1	1	1
2	2	2

Antwort (Quader): ______________

Antwort (Würfel): ______________

G15.1 (wichtige Wörter in der Geometrie)

Es gibt Punkte, Linien, Flächen und Körper, aber nur Punkte, Linien und Flächen gibt es auf dem Papier.

Einen Körper kann man anfassen. Deshalb kann man ihn nicht ____________.

Man kann nur etwas zeichnen, das so aussieht wie ein ____________.

1. Was es nur auf dem Papier gibt.

Eine ______________ kann krumm oder gerade sein.

____________________ ____________________

Zwei Linien können sich treffen. Da entstehen ______________.

Eckpunkt Schnittpunkt

Mit geraden Linien kann man Flächen mit Ecken zeichnen.

Manche Flächen sind besonders und haben einen Namen.

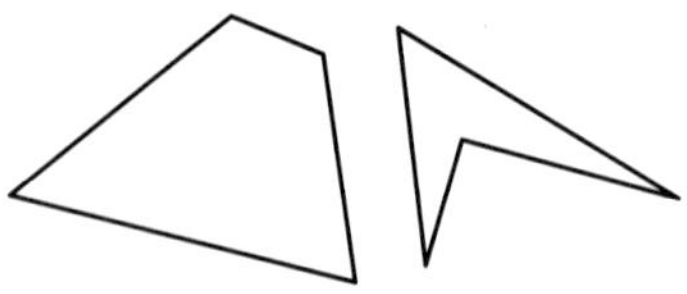

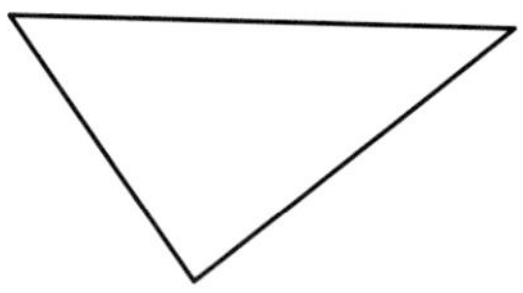

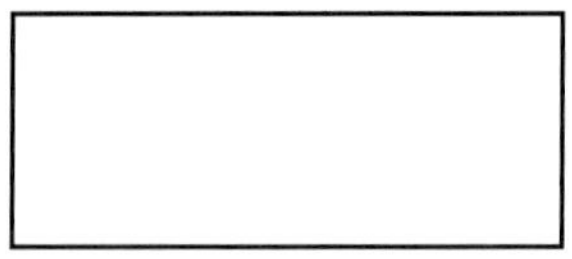

____________________ Dreieck ____________________

Das ______________ sieht innen an allen Ecken gleich aus.

Es hat vier rechte Winkel.

Wenn alle Seiten von einem Rechteck gleich lang sind, ist es ein ______________. Das Quadrat ist ein ______________ Rechteck.

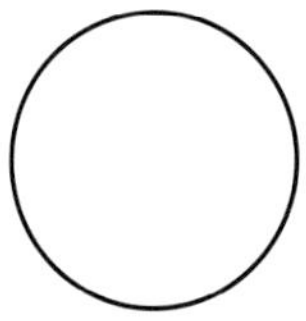

____________________ ____________________

Der ______________ ist eine Fläche, die gar keine ______________ hat.

Die Kreislinie ist an allen Stellen gleich krumm.

G15.2 (wichtige Wörter in der Geometrie)

2. Was es auf dem Papier nicht gibt.

Körper kann man in die Hand nehmen. Deshalb kann man sie nicht wirklich zeichnen. (Man kann nur etwas zeichnen, was so aussieht wie ein Körper.)

Körper können – wie Flächen – sehr unterschiedlich sein. Wichtige Körper sind Kugel, Quader und Würfel.

Eine ____________ ist überall gleich rund. Sie hat keine ____________ und ____________.
Sie sieht von überall gleich aus.

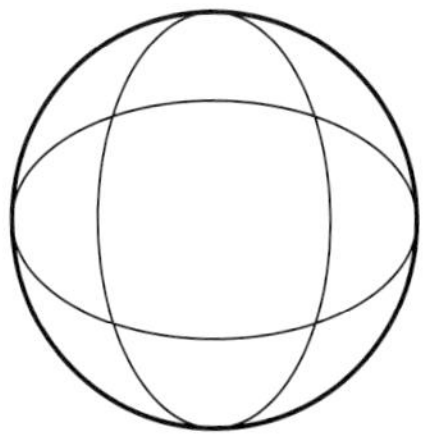

Ein ____________ hat sechs Seitenflächen.
Alle Seitenflächen sind ____________.

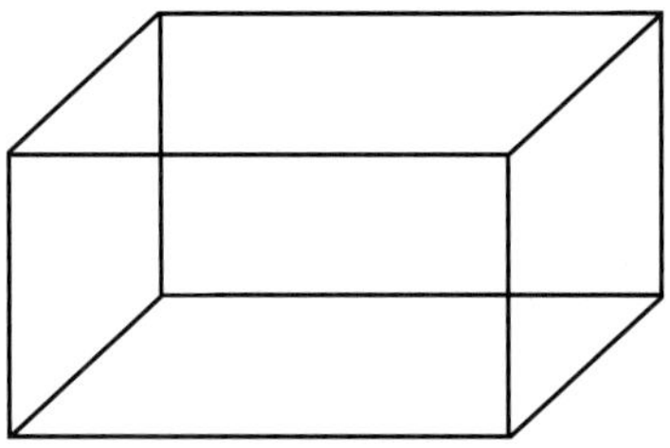

Auch ein ____________ ist ein ____________.
Nur sind beim Würfel alle Kanten gleich lang.
Alle sechs Seitenflächen sind ____________.

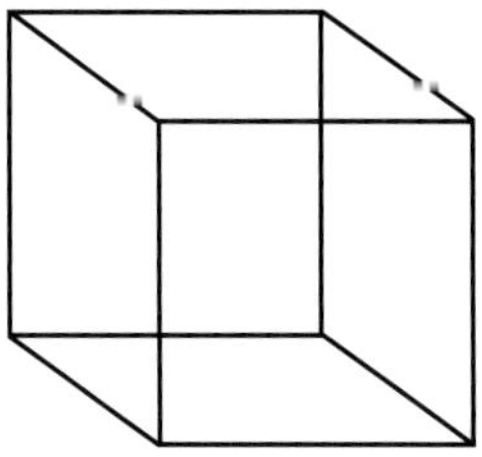

Wenn du einen Quader zeichnest, zeichnest du erst die vordere Fläche und dann die hintere. Danach verbindest du die Ecken.

Setze diese Wörter in die Lücken ein:

1. besonderes, Ecken, gerade, Körper, Kreis, Kreis, krumm, Linie, Punkte, Quadrat, Quadrat, Rechteck, Rechteck, Viereck, zeichnen
2. Ecken, Kanten, Kugel, Quader, Quader, Quadrate, Rechtecke, Würfel

G16 (noch mehr Körper)

Ein **Zylinder** entsteht, wenn du ein Rechteck rollst.

Jetzt fehlen oben und unten nur noch die Kreisflächen.

1. Rolle ein Rechteck. Denke dir den Zylinder.

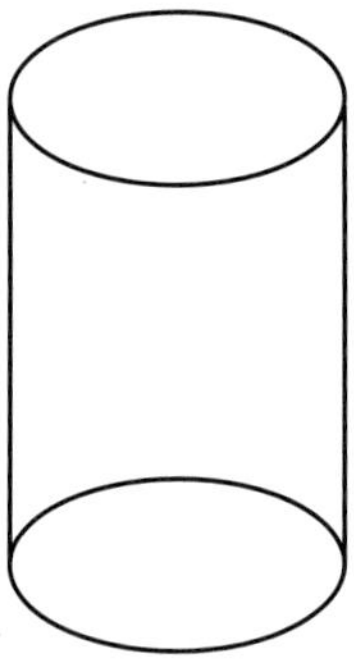

2. a) Wie viele Ecken hat ein Zylinder? ___ Ecken

   b) Wie viele Kanten hat ein Zylinder? ___ Kanten

   c) Wie viele Flächen hat ein Zylinder? ___ Flächen

   Wenn du einen Zylinder zeichnen willst, zeichnest du erst eine Ellipse. Dann zeichnest du die beiden Seitenlinien. Anschließend zeichnest du oben die zweite Ellipse. Probiere es.

Eine **Pyramide** kennst du von den Bildern aus Ägypten. Eine Pyramide kannst du basteln, wenn du ein Quadrat zeichnest und außen gleiche Dreiecke ansetzt.

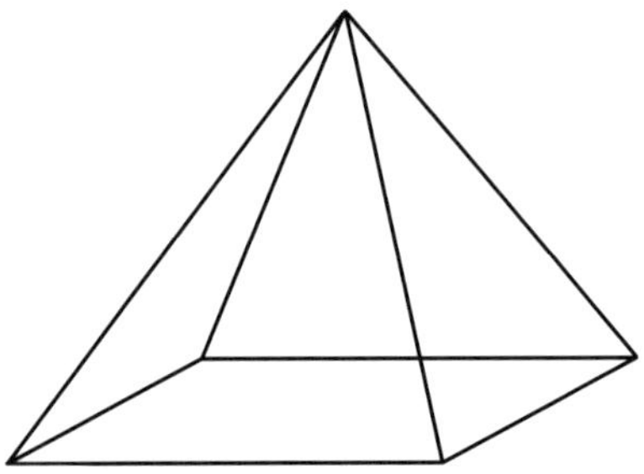

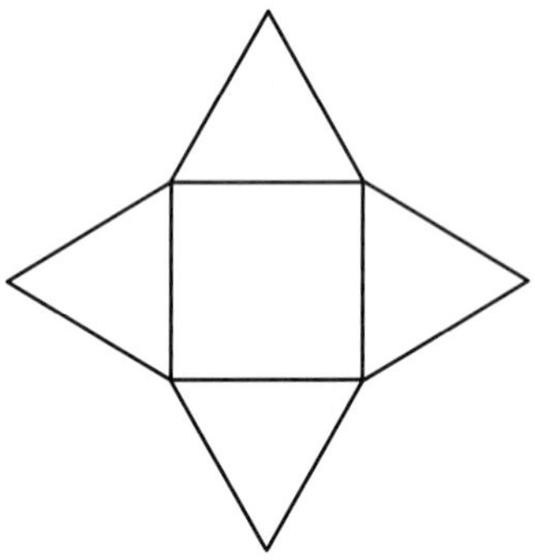

3. a) Wie viele Ecken hat eine Pyramide? ___ Ecken

   b) Wie viele Kanten hat eine Pyramide? ___ Kanten

   c) Wie viele Flächen hat eine Pyramide? ___ Flächen

Wichtig: Eine Pyramide muss keine quadratische Grundfläche haben. Auch eine andere Form ist möglich, wenn sie eckig ist.

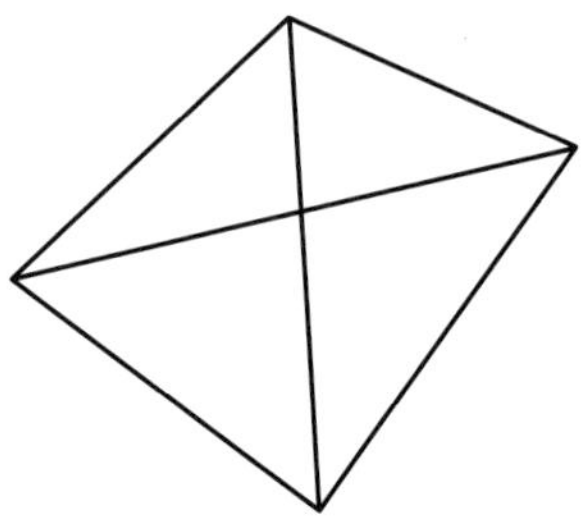

G17 (Fragen zur Körper-Ausstellung I)

Welcher Körper ist es? Welche Körper sind es?

Schreibe den oder die richtigen Buchstaben.

Kugel: Eine Kugel hat keine Ecken und Kanten.
Sie ist überall gleich rund. ________

Würfel: Ein Würfel hat als Seitenflächen sechs Quadrate.
Alle Seitenflächen stehen senkrecht aufeinander. ________

Zylinder: Ein Zylinder hat zwei Kreisflächen
und senkrechte Seiten. ________

Quader: Ein Quader hat sechs Rechtecke als Seitenflächen.
Alle Seitenflächen stehen senkrecht aufeinander. ________

Pyramide: Eine Pyramide hat eine Spitze. Sie hat dreieckige
Seiten und eine eckige Grundfläche. ________

Kegel: Ein Kegel hat eine Spitze.
Seine Grundfläche ist ein Kreis. ________

Prisma: Ein Prisma hat zwei eckige Flächen oben und unten.
Die Seitenflächen stehen senkrecht dazu.
Die Seitenflächen sind Rechtecke. ________

Halbkugel: Eine Halbkugel ist eine halbe Kugel.
Die Grundfläche ist ein Kreis. ________

G18 (Fragen zur Körper-Ausstellung II)

1. Welcher Körper ist es? Welche Körper sind es?

   Schreibe den oder die richtigen Buchstaben.

   a) Der Körper hat genau eine Kante. ________

   b) Der Körper hat 8 Ecken. ________

   c) Der Körper hat 8 Kanten ________

   d) Der Körper hat Dreiecke als Seitenflächen. ________

   e) Der Körper hat Kreisflächen. ________

2. Sortiere nach der Anzahl der Ecken.

0 ________	1 ________	2 ________	3 ________	4 ________
5 ________	6 ________	7 ________	8 ________	9 ________
10 ________	12 ________	14 ________	16 ________	18 ________

3. a) Welche Körper sind Quader? ________

   b) Welche Körper sind Kugeln? ________

   c) Welche Körper sind Würfel? ________

   d) Welche Körper sind Zylinder? ________

   e) Welche Körper sind Pyramiden? ________

   f) Welche Körper sind Kegel? ________

   g) Welche Körper sind Prismen? ________

G19 (Ecken, Kanten, Flächen)

Wie viele Ecken hat ein Quader? ____ Ecken

Wie viele Ecken hat ein Würfel? ____ Ecken

Wie viele Kanten hat ein Zylinder? ____ Kanten

Wie viele Kanten hat eine Kugel? ____ Kanten

Wie viele Kanten hat ein Quader? ____ Kanten

Wie viele und welche Flächen sieht man an einem Würfel?

____

Wie viele und welche Flächen sieht man an einem Quader?

____

Wie viele und welche Flächen sieht man an einem Zylinder?

____

G20 (mit Schablonen zeichnen)

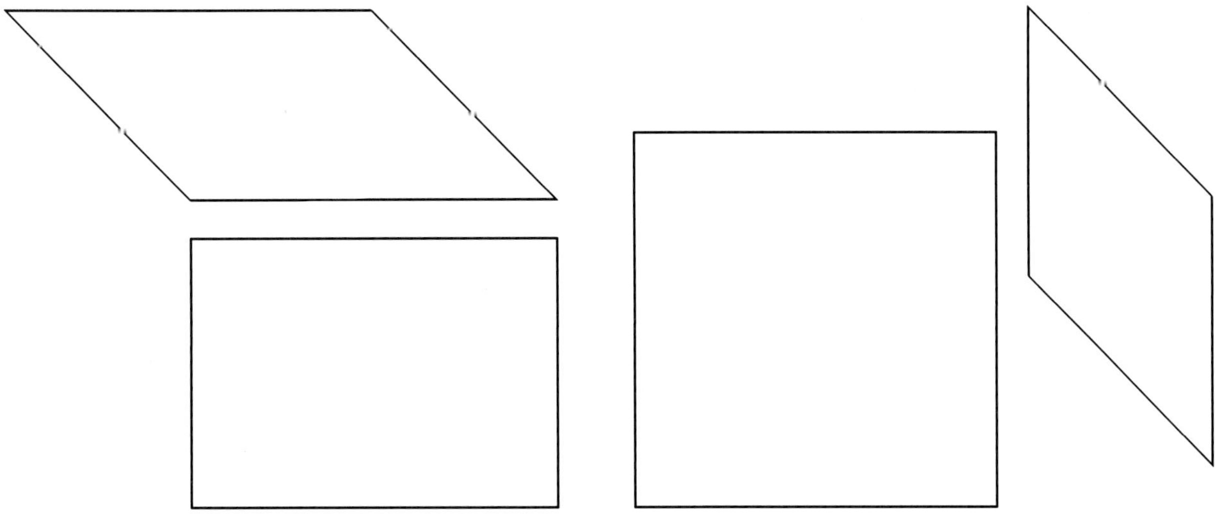

1. Zeichne einen Würfel.
2. Baue etwas aus 3 Würfeln und zeichne es. (Radiere versteckte Linien weg.)
3. Zeichne einen Quader.

G21 (Musterideen mit Linien)

G22 (Musterideen mit Flächen)